Olfa ElAhmar

Les algèbres de chemins de Leavitt

Olfa ElAhmar

Les algèbres de chemins de Leavitt

Algèbres

Presses Académiques Francophones

Impressum / Mentions légales

Bibliografische Information der Deutschen Nationalbibliothek: Die Deutsche Nationalbibliothek verzeichnet diese Publikation in der Deutschen Nationalbibliografie; detaillierte bibliografische Daten sind im Internet über http://dnb.d-nb.de abrufbar.

Alle in diesem Buch genannten Marken und Produktnamen unterliegen warenzeichen-, marken- oder patentrechtlichem Schutz bzw. sind Warenzeichen oder eingetragene Warenzeichen der jeweiligen Inhaber. Die Wiedergabe von Marken, Produktnamen, Gebrauchsnamen, Handelsnamen, Warenbezeichnungen u.s.w. in diesem Werk berechtigt auch ohne besondere Kennzeichnung nicht zu der Annahme, dass solche Namen im Sinne der Warenzeichen- und Markenschutzgesetzgebung als frei zu betrachten wären und daher von jedermann benutzt werden dürften.

Information bibliographique publiée par la Deutsche Nationalbibliothek: La Deutsche Nationalbibliothek inscrit cette publication à la Deutsche Nationalbibliografie; des données bibliographiques détaillées sont disponibles sur internet à l'adresse http://dnb.d-nb.de.

Toutes marques et noms de produits mentionnés dans ce livre demeurent sous la protection des marques, des marques déposées et des brevets, et sont des marques ou des marques déposées de leurs détenteurs respectifs. L'utilisation des marques, noms de produits, noms communs, noms commerciaux, descriptions de produits, etc, même sans qu'ils soient mentionnés de façon particulière dans ce livre ne signifie en aucune façon que ces noms peuvent être utilisés sans restriction à l'égard de la législation pour la protection des marques et des marques déposées et pourraient donc être utilisés par quiconque.

Coverbild / Photo de couverture: www.ingimage.com

Verlag / Editeur:
Presses Académiques Francophones
ist ein Imprint der / est une marque déposée de
OmniScriptum GmbH & Co. KG
Heinrich-Böcking-Str. 6-8, 66121 Saarbrücken, Deutschland / Allemagne
Email: info@presses-academiques.com

Herstellung: siehe letzte Seite /
Impression: voir la dernière page
ISBN: 978-3-8416-3475-7

LES ALGÈBRES DE CHEMINS DE LEAVITT

Olfa El Ahmar

1

REMERCIEMENTS

Je désire remercier mon encadreur Lotfi Farhane pour m'avoir proposé ce sujet, guidé patiemment dans les phases d'élaboration de ce travail et pour la confiance qu'il m'a accordée.

Je tiens à exprimer ma reconnaissance au professeur Mercedes Siles Molina pour les discussions enrichissantes que j'ai eues avec elle, ses conseils et ses critiques.

Je remercie vivement le professeur Fathi Nasr Ben El Hadj Amor de m'avoir honorée en assurant la présidence de ce jury.

Mes remerciements s'adressent également au professeur Imen Bhouri pour ses encouragements et pour avoir accepté de participer à ce jury.

Je remercie particulièrement tous les membres de ma famille pour leurs encouragements et leur soutien qui ont été pour moi, une source intarissable d'inspiration.

TABLE DES MATIERES

1 Introduction

L'objectif de ce travail est de faire la synthèse de travaux de M. Siles Molina, de G. Aranda Pino et de G. Abrams ([1], [2], [5]), qui portent sur les algèbres de chemins de Leavitt et qui s'inscrivent dans le cadre de plusieurs études consacrées à ces algèbres ([3], [4], [6], [7], [8], [9], [10], [11], [12], [13], [14], [16], [18], [19], [20], [21]).

Les algèbres de chemins de Leavitt sont des K-algèbres de chemins associées à des graphes et satisfaisant certaines relations. Elles peuvent être considérées comme des géréralisations naturelles des algèbres de Leavitt $L(1, n)$ de type $(1, n)$ introduites et étudiées par Leavitt [18] dans le but de donner des exemples d'algèbres qui ne satisfont pas la propriété IBN, i.e. *invariant basis number* [15]. Rappelons qu'un anneau A satisfait la propriété IBN si chaque deux bases (i.e. ensembles générateurs et linéairement indépendants) d'un A-module à gauche libre ont le même nombre d'éléments.

Autrement dit, la propriété IBN revient à dire que si m et n sont deux entiers tels que les A-modules à gauche libres $_A A^m$ et $_A A^n$ sont isomorphes alors $m = n$.

Notons que la propriété IBN n'est pas satisfaite par tous les anneaux et qu'une classe assez large d'anneaux la satisfaisant est celle, entre autres, des anneaux noethériens ou des anneaux commutatifs.

Lorsqu'un anneau A ne vérifie pas la propriété IBN, on considère le plus petit entier m tel que $_A A^m \approx_A A^n$ pour un entier $n > m$ et on choisit le nombre n minimal pour ce m et on dit que A a le type module (m, n).

Dans son travail Leavitt a montré que pour toute paire d'entiers positifs $n > m$ et tout corps K, il existe une K-algèbre de type (m, n). Cette algèbre est notée $L_K(m, n)$ ou $L(m, n)$ et appelée la K-algèbre de Leavitt de type (m, n).

Les algèbres de chemins de Leavitt qu'on se propose d'étudier dans ce travail sont une généralisation naturelle des algèbre de Leavitt $L(1, n)$ de type $(1, n)$. Par ailleurs, ces algèbres sont perçues comme une version algébrique des C^*-algèbres de graphes de Cuntz-Krieger.

Chronologiquement, les algèbres de Leavitt étaient introduites en 1950, les C^*-algèbres de graphes de Cuntz-Krieger sont apparues indépendamment des travaux de Leavitt en 1980 et ce n'est qu'en 2005 que G.Abrams et G.Aranda Pino ont défini l'algèbre des chemins de Leavitt $L_K(E)$ ou $L(E)$ associée à un graphe E.L'objectif étant de définir les propriétés des algèbres de chemins de Leavitt $L(E)$ en termes de propriétés du graphe E, autrement dit transférer les propriétés géométriques du graphe vers l'algèbre de chemins qu'il détermine. Nous ne manquerons pas de remarquer le fait intéressant qui est que les résultats de C^*-algèbres de graphes et les résultats des algèbres de chemins de Leavitt ne sont pas des conséquences logiques les unes des autres. On se limitera dans ce travail au cas des graphes à files finies.

Pour finir ce prologue, nous précisons que ce mémoire est organisé comme suit.

La première partie est consacrée au rappel de quelques définitions et outils de base.

On définit dans la deuxième partie les chemins fermés et les chemins fermés simples et on étudie les relations entre ces deux types de chemins.

Dans la troisième partie on va donner une condition nécessaire et suffisante pour qu'une algèbre de chemins de Leavitt soit simple.

On présentera dans la dernière partie une condition nécessaire et suffisante pour qu'une algèbre de chemins de Leavitt soit purement infinie simple.

2 Préliminaires

Commençons d'abord par rappeler quelques définitions élémentaires.

2.1 Définitions

–) Loi de composition interne.
Une loi de composition interne notée ".", sur un ensemble E est une application

$$
\begin{array}{ccc}
E \times E & \longrightarrow & E \\
(x, y) & \longmapsto & x.y
\end{array}
$$

–) Groupe.
Un groupe G, est un ensemble muni d'une application de composition interne α :

$$
G \times G \longrightarrow G
$$

tel que :
* $\forall x, y, z \in G, \alpha(x, \alpha(y, z)) = \alpha(\alpha(x, y), z)$
* il existe $e \in G$, tel que $\forall x \in G, \alpha(x, e) = \alpha(e, x) = x$
* $\forall x \in G, \exists x' \in G$ tel que $\alpha(x, x') = \alpha(x', x) = e$.
Si de plus, $\forall x, y \in$ G, on a : $\alpha(x, y) = \alpha(y, x)$ alors G est dit commutatif ou abélien.

–) Espace vectoriel.
Un ensemble non vide E est un espace vectoriel s'il est muni d'une loi de composition interne $+$ telle que (E,$+$) soit un groupe commutatif et d'une loi de composition externe :

$$
\begin{array}{ccc}
K \times E & \longrightarrow & E \\
(\lambda, x) & \longmapsto & \lambda x
\end{array}
$$

vérifiant :
$\forall x \in E; 1.x = x$
$\forall x \in E, \forall \lambda, \mu \in K; \lambda(\mu x) = (\lambda \mu)x$
$\forall x \in E, \forall \lambda, \mu \in K; (\lambda + \mu)x = \lambda x + \mu x$
$\forall x, y \in E, \forall \lambda \in K; \lambda(x + y) = \lambda x + \lambda y$

–) Anneau.

Un anneau est un ensemble (A, +, .) muni de deux lois de compositions internes

* Une addition notée + telle que (A,+) soit un groupe abélien.
* Une multiplication notée . et vérifiant deux points :

elle est associative :

$$\forall x, y, z \in A, (x.y).z = x.(y.z)$$

elle est distributive par rapport à l'addition :

$$\forall x, y, z \in A, x.(y + z) = x.y + x.z$$
$$\text{et } (y + z).x = y.x + z.x$$

Si la multiplication est de plus commutative, c'est-à-dire :

$$\forall x, y \in A, \ x.y = y.x$$

alors A est dit commutatif.

–) A-module.

Soit A un anneau. Un A-module à gauche est la donnée d'un groupe abélien M noté additivement et d'une application :

$$\begin{array}{ccc} A \times M & \longrightarrow & M \\ (a, x) & \longmapsto & ax \end{array}$$

satisfaisant aux axiomes :

$\forall a, b \in A$ et $\forall x, y \in M$, on a

$$a(x + y) = ax + ay$$
$$(a + b)x = ax + bx$$
$$a(bx) = (ab)x$$
$$1x = x.$$

On définit de manière similaire un A-module à droite en disant que M est un *A-module à droite* si : $\forall a, b \in A$ et $\forall x, y \in M$ on a

$$(x + y)a = xa + ya$$
$$x(a + b) = xa + xb$$
$$x(ab) = (xa)b$$
$$x1 = x$$

–) A-algèbre.

Si A est un anneau commutatif, une A-algèbre est la donnée d'un A-module R et d'une application

$$f : R \times R \longrightarrow R$$

telle que pour tout $u \in R$, les applications

$$x \longmapsto f(x, u) \quad \text{et} \quad x \longmapsto f(u, x)$$

de R dans R, soient linéaires.

On dit que la A-algèbre R est associative si :

$$\forall x, y, z \in R, \quad f(f(x, y), z) = f(x, f(y, z)).$$

1) Un élément e d'un anneau A est dit *idempotent* si

$$e^2 = e.$$

2) Deux idempotents e_1 et e_2 sont dits *orthogonaux* si

$$e_1 e_2 = 0 = e_2 e_1.$$

3) Soient A et B deux K-algèbres et $f : A \longrightarrow B$ une application.

On dit que f est un *homomorphisme* d'algèbre si pour tous $x, y \in A$ et $\lambda \in K$ on a :

$$i) \ f(x + y) = f(x) + f(y).$$
$$ii) \ f(xy) = f(x)f(y).$$
$$iii) \ f(\lambda x) = \lambda f(x).$$

2.2 Chemin

2.2.1 Graphe

Un graphe orienté : $E = (E^0, E^1, r, s)$ consiste en la donnée de deux ensembles dénombrables, E^0 dit ensemble des sommets et E^1 dit ensemble des arêtes et de deux applications

$$s : E^1 \longrightarrow E^0 \quad \text{et} \quad r : E^1 \longrightarrow E^0$$

appelées couramment application source et application but et représentées comme suit :

$$E^0 \xleftarrow{\;s\;} E^1$$
$$\downarrow r$$
$$E^0$$

Pour chaque arête e, $s(e)$ est la source de e et $r(e)$ est le but de e.
Si $s(e) = i$ et $r(e) = j$, on dit aussi que i émet e et que j reçoit e.
Pour une arête u telle que $s(u) = i$ et $r(u) = j$, on convient de noter

$$\bullet i \xrightarrow{\;u\;} \bullet j$$

2.2.2 Sommet singulier et sommet régulier

Soit $E = (E^0, E^1, r, s)$ un graphe.
-) On dit qu'un sommet $v \in E^0$ est un *trou* si $s^{-1}(v) = \emptyset$.

-) On dit qu'un sommet $v \in E^0$ est un *émetteur infini* si $|s^{-1}(v)| = \infty$.

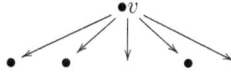

-) Un sommet *singulier* est un sommet qui est ou bien un trou ou bien un émetteur infini. On note par E^0_{sing}, l'ensemble des sommets singuliers.
-) Un sommet $v \in E^0$ est dit *régulier* si, et seulement si $0 < |s^{-1}(v)| < \infty$ et on note par
$$E^0_{reg} = E^0 \setminus E^0_{sing},$$
l'ensemble des sommets réguliers.

9

2.2.3 Chemin

Soit E un graphe. Un chemin est une suite

$$\alpha = e_1 e_2 \ldots e_n$$

d'arêtes telle que, $r(e_i) = s(e_{i+1})$ pour tout $i \in \{1, \ldots, n-1\}$. On dit que le chemin α est de longueur $|\alpha| = n$.

On note E^n l'ensemble des chemins de longueur n et on considère les sommets de E^0 comme étant des chemins de longueur 0.

On note

$$E^* = \bigcup_{n=0}^{\infty} E^n$$

pour désigner l'ensemble des chemins de longueur finie et on étend les applications r et s à E^* en posant pour $\alpha = e_1 e_2 \ldots e_n \in E^n$, $r(\alpha) = r(e_n)$ le but du chemin α et $s(\alpha) = s(e_1)$, sa source.

Si $\alpha = e_1 e_2 \ldots e_n$ est un chemin de longueur n, on note par α^0, l'ensemble de ses sommets, i.e.

$$\alpha^0 = \{s(e_1), r(e_i) : \ i = 1, \ldots, n\} .$$

2.2.4 Exemple

Considérons le graphe suivant :

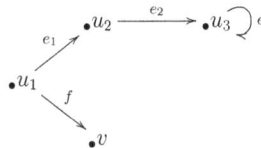

On a alors
$E^0 = \{u_1, u_2, u_3, v\}$, $E^1 = \{e_1, e_2, e, f\}$ et $r(e_1) = u_2$, $s(e_1) = u_1$, etc.
Le sommet v est un trou. Quelques chemins sont par exemple : v, f, $e_1 e_2$, e, ee, $e_2 e e e$, etc. Pour $\mu = e_1 e_2 e^3$, $\mu^0 = \{u_1, u_2, u_3\}$

2.2.5 Arête réelle et arête virtuelle

Soit $(E^1)^*$ l'ensemble des symboles formels $\{e^* : e \in E^1\}$. On définit pour $\alpha = e_1 e_2 \ldots e_n \in E^n$, α^* par

$$\alpha^* = e_n^* e_{n-1}^* \ldots e_1^*$$

et pour $v \in E^0$, on définit $v^* = v$.

Les éléments de E^1 sont dits des arêtes réelles et ceux de $(E^1)^*$ des arêtes virtuelles.

Soit $E = (E^0, E^1, r, s)$ un graphe. On définit le graphe étendu de E comme étant le nouveau graphe

$$\widehat{E} = \left(E^0, E^1 \cup (E^1)^*, r', s' \right)$$

où $(E^1)^* = \{e_i^*, \ e_i \in E^1\}$ et les fonctions r' et s' sont définies par

$$r'|_{E^1} = r, \ s'|_{E^1} = s, \ r'(e_i^*) = s(e_i) \text{ et } s'(e_i^*) = r(e_i).$$

2.3 Algèbres de chemins et algèbre de chemins de Leavitt

2.3.1 Algèbre de chemins

Soit K un corps et E un graphe. On note par KE, le K-espace vectoriel ayant pour base l'ensemble des chemins. On peut définir une structure d'algèbre sur KE de la manière suivante : pour deux chemins $\mu = e_1 \cdots e_m$, $\nu = f_1 \cdots f_n$ on définit $\mu\nu$ comme étant égal à 0 si $r(\mu) \neq s(\nu)$ et à $e_1 \cdots e_m f_1 \cdots f_n$ sinon. Cette K-algèbre est appelée algèbre de chemin de E sur K.

2.3.2 Exemple

La K-algèbre de chemins associée au graphe de l'exemple précédent est de dimension infinie.

Si on considère un corps K et le graphe suivant :

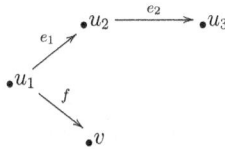

alors l'algèbre de chemins KE est de dimension 8.

11

2.3.3   Algèbre de chemins de Leavitt

Soient E un graphe orienté et K un corps. On définit l'algèbre des chemins de Leavitt de E à coefficients dans K, notée $L_K(E)$ ou plus simplement $L(E)$, comme étant la K-algèbre universelle générée par un ensemble $\{v : v \in E^0\}$ d'idempotents deux à deux orthogonaux et par un ensemble $\{e, e^* : e \in E^1\}$ d'éléments vérifiant :

(1) : $s(e)e = er(e) = e$, pour tout $e \in E^1$.

(2) : $r(e)e^* = e^*s(e) = e^*$, pour tout $e \in E^1$.

(3) : $e^*f = \delta_{e,f} r(e)$, pour tous $e, f \in E^1$.

(4) : $v = \sum_{\{e \in E^1 : s(e) = v\}} ee^*$, pour tout $v \in E^0_{reg}$.

Les propriétés (3) et (4) sont souvent appelées, les conditions de Cuntz-Krieger (CK1) et (CK2).

Rappelons que $L_K(E)$ est universelle, veut dire que si A est une K-algèbre contenant un ensemble d'idempotents deux à deux orthogonaux, $\{a_v : v \in E^0\}$ et un ensemble $\{b_e, b_{e^*} : e \in E^1\}$ vérifiant les propriétés (1), (2), (3) et (4), alors il existe un homomorphisme d'algèbres

$$\Phi : L_K(E) \longrightarrow A$$

tel que

$$\phi(v) = a_v, \text{ pour tout } v \in E^0$$
$$\phi(e) = b_e, \text{ pour tout } e \in E^1 \text{ et}$$
$$\phi(e^*) = b_{e^*} \text{ pour tout } e \in E^1.$$

2.3.4   Exemples

1) Soit le graphe

$$\bullet u_1 \xrightarrow{e_1} \bullet u_2 \xrightarrow{e_2} \cdots \xrightarrow{e_{n-2}} \bullet u_{n-1} \xrightarrow{e_{n-1}} \bullet u_n$$

alors $M_{n+1}(K) \cong L_K(E)$, via la fonction définie par $u_i \mapsto e_{ii}$, $e_i \mapsto e_{ii+1}$ et $e_i^* \mapsto e_{i+1i}$, où e_{ij} est la matrice de coefficients 1 au terme correspondant à ligne i et colonne j et 0 partout ailleurs.

12

En particulier, si on prend le graphe

$$\bullet u \xrightarrow{\quad e \quad} \bullet v$$

alors,

$$u = \begin{pmatrix} 1 & 0 \\ 0 & 0 \end{pmatrix}, \, v = \begin{pmatrix} 0 & 0 \\ 0 & 1 \end{pmatrix}, \, u+v = I_2, \, e \longmapsto \begin{pmatrix} 0 & 1 \\ 0 & 0 \end{pmatrix} \text{ et } e^* \longmapsto \begin{pmatrix} 0 & 0 \\ 1 & 0 \end{pmatrix}$$

2) Considérons le graphe suivant :

$$\bullet u \circlearrowright$$

On a : e, e^* et les relations $u^2 = u$, $ee^* = u$, $e^*e = u$, $ue = e$, $eu = e$, $e^*u = e^*$ et $ue^* = e^*$.

L'application $\varphi : L_K(E) \longrightarrow K[X, X^{-1}]$ donnée sur les générateurs, par $\varphi(e^n) = X^n$ et $\varphi((e^*)^n) = X^{-n}$, définit un isomorphisme entre $L_K(E)$ et l'anneau des polynômes de Laurent $K[X, X^{-1}]$.

2.4 Définitions

Pour tout sommet $v \in E^0$, on définit

$$r(v) = v = s(v).$$

Soit un chemin de $L(E)$,

$$\mu = \mu_1 \mu_2 \ldots \mu_n.$$

Si pour tous $i, j \in \{1, 2, \ldots, n\}$ distincts, on a $s(\mu_i) \neq s(\mu_j)$ et $s(\mu) = r(\mu)$ alors on dit que le chemin μ est un *cycle*.

Un monôme de $L(E)$ est un *chemin réel* (respectivement, *chemin virtuel*) qui ne contient pas de termes de la forme e_i^* (respectivement, e_i).

Un élément p de $L(E)$ est dit un *polynôme à arêtes réelles* (respectivement, *virtuelles*), s'il est une somme uniquement de chemins réels (respectivement, virtuels).

Pour un chemin $q = q_1 q_2 \ldots q_n$, on note par q^* le chemin virtuel $q_n^* q_{n-1}^* \ldots q_1^*$.

13

Soient $\alpha \in L(E)$ et $d \in \mathbb{Z}^+$, on dit que α est *représentable* comme un élément de degré d à arêtes réelles (respectivement, virtuelles) s'il peut être écrit comme une somme de monômes de l'ensemble

$$\{pq^* \mid p, q \text{ chemins de } E\},$$

de sorte que d soit la longueur maximale du chemin p (respectivement, q) qui apparait dans ces monômes.

On remarque qu'un élément de $L(E)$ peut être représentable par plusieurs éléments de degrés différents à arêtes réelles (respectivement, virtuelles), tout dépend de la représentation particulière utilisée pour α.

Une arête e est une *sortie* du chemin $\mu = \mu_1 \ldots \mu_n$ s'il existe $i \in \{1, \ldots, n\}$ tel que $s(e) = s(\mu_i)$ et $e \neq \mu_i$.

On définit un *préordre* " $\leq$ " sur E^0 en posant $v \leq w$ si $v = w$ ou s'il existe un chemin μ tel que $s(\mu) = v$ et $r(\mu) = w$.

2.5 Lemmes

2.5.1 Lemme 1

Tout monôme de $L(E)$ est de l'une des deux formes suivantes :

$$(a) \quad : \quad k_i v_i, \quad \text{avec } k_i \in k \text{ et } v_i \in E^0$$

ou

$$(b) \quad : \quad k e_{i_1} \ldots e_{i_\sigma} e_{j_1}^* \ldots e_{j_\tau}^*, \quad \text{avec } k \in K;$$

$\sigma, \tau \geq 0, \sigma + \tau > 0, e_{i_s} \in E^1$ et $e_{j_t}^* \in (E^1)^*$ pour $0 \leq s \leq \sigma$ et $0 \leq t \leq \tau$.

2.5.2 Lemme 2

Si E^0 est fini alors $L(E)$ est une K-algèbre unitaire et s'il est infini alors $L(E)$ est une algèbre ayant des unités locales. Précisément, l'ensemble généré par les sommes finies des éléments distincts de E^0. [1]

Preuve

---

[1]Précisons que, ce qu'on entend par, $L(E)$ est une algèbre ayant des unités locales, est qu'il existe un ensemble d'idempotents $\{u_n\}_{n \in \mathbb{N}}$ de $L(E)$ vérifiant les deux propriétés :
(i) $u_n \in u_{n+1} L(E) u_{n+1}$.
(ii) Pour tout ensemble fini $X \subseteq L(E)$, il existe $m \in \mathbb{N}$ tel que $X \subseteq u_m L(E) u_m$.

$\underline{1^{er}}$ **cas.** Montrons que si E^0 est fini alors

$$\sum_{i=1}^{n} v_i$$

est l'unité de cette algèbre, où les v_i sont les éléments de E^0.
Pour cela on va procéder par étapes.

Étape 1.

Observons que, pour tout $v_j \in E^0$ on a

$$\left(\sum_{i=1}^{n} v_i\right) v_j = \sum_{i=1}^{n} \delta_{ij} v_j = v_j,$$

pour tout $e_j \in E^1$,

$$\left(\sum_{i=1}^{n} v_i\right) e_j = \left(\sum_{i=1}^{n} v_i\right) s(e_j) e_j = \left(\sum_{i=1}^{n} v_i s(e_j)\right) e_j = s(e_j) e_j = e_j.$$

et pour tout $e_j^* \in (E^1)^*$,

$$\left(\sum_{i=1}^{n} v_i\right) e_j^* = \left(\sum_{i=1}^{n} v_i\right) r(e_j) e_j^* = \left(\sum_{i=1}^{n} v_i r(e_j)\right) e_j^* = r(e_j) e_j^* = e_j^*.$$

Soit α un monôme de $L(E)$. D'après le lemme 1, on se retrouve en présence de deux cas.

- Le premier est lorsque, $\alpha = k_{i_0} v_{i_0}$ avec $k_{i_0} \in K$ et $v_{i_0} \in E^0$ et on a

$$\left(\sum_{i=1}^{n} v_i\right) \alpha = \left(\sum_{i=1}^{n} v_i\right) k_{i_0} v_{i_0} = k_{i_0} \left(\sum_{i=1}^{n} v_i v_{i_0}\right) = k_{i_0} v_{i_0} = \alpha.$$

- Le second est celui, quand $\alpha = k e_{i_1} \ldots e_{i_\sigma} e_{j_1}^* \ldots e_{j_\tau}^*$ avec $k \in K; \sigma, \tau \geq 0, \sigma + \tau > 0, e_{i_s} \in E^1$ et $e_{j_t}^* \in (E^1)^*$ pour $0 \leq s \leq \sigma$ et $0 \leq t \leq \tau$, on obtient alors

$$\left(\sum_{i=1}^{n} v_i\right) \alpha = \left(\sum_{i=1}^{n} v_i\right) k e_{i_1} \ldots e_{i_\sigma} e_{j_1}^* \ldots e_{j_\tau}^* = k \left(\sum_{i=1}^{n} v_i e_{i_1}\right) e_{i_2} \ldots e_{i_\sigma} e_{j_1}^* \ldots e_{j_\tau}^*$$

15

$$= k e_{i_1} \ldots e_{i_\sigma} e_{j_1}^* \ldots e_{j_\tau}^* = \alpha.$$

Par ailleurs, on sait que $L(E)$ est engendrée par

$$E^0 \bigcup E^1 \bigcup (E^1)^*,$$

donc tout $\alpha \in L(E)$ peut être écrit sous la forme

$$\alpha = \sum_{s=1}^{q} k_s v_s + \sum_{l=1}^{m} c_l p_l$$

où pour tout $s \in \{1, \ldots, q\}$ et tout $l \in \{1, \ldots, m\}$, $k_s, c_l \in K \setminus \{0\}$ et les p_l sont des monômes du type (b). Donc

$$\left(\sum_{i=1}^{n} v_i \right) \alpha = \sum_{i=1}^{n} v_i \left(\sum_{s=1}^{q} k_s v_s + \sum_{l=1}^{m} c_l p_l \right) =$$

$$\sum_{s=1}^{q} \left(\sum_{i=1}^{n} v_i v_s \right) + \sum_{l=1}^{m} c_l \left(\sum_{i=1}^{n} v_i p_l \right) = \sum_{s=1}^{q} k_s v_s + \sum_{l=1}^{m} c_l p_l = \alpha.$$

D'où une première conclusion :

$$\forall \, \alpha \in L(E), \; \left(\sum_{i=1}^{n} v_i \right) \alpha = \alpha.$$

Étape 2.
Soit $v_j \in E^0$. On a

$$v_j \left(\sum_{i=1}^{n} v_i \right) = \delta_{ji} v_j = v_j.$$

Soit $e_j \in E^1$. On a

$$e_j \left(\sum_{i=1}^{n} v_i \right) = e_j r(e_j) \left(\sum_{i=1}^{n} v_i \right) = e_j \left(r(e_j) \sum_{i=1}^{n} v_i \right) = e_j r(e_j) = e_j.$$

Soit $e_j^* \in (E^1)^*$. On a

$$e_j^* \left(\sum_{i=1}^{n} v_i \right) = e_j^* s(e_j) \left(\sum_{i=1}^{n} v_i \right) = e_j^* \left(s(e_j) \sum_{i=1}^{n} v_i \right) = e_j^* s(e_j) = e_j^*.$$

Soit α un monôme de $L(E)$. D'après le lemme 1, on a deux cas.

• $\alpha = k_j v_j$ où $k_j \in K$ et $v_j \in E^0$. On a alors

$$\alpha \left(\sum_{i=1}^{n} v_i \right) = k_j v_j \left(\sum_{i=1}^{n} v_i \right) = k_j (v_j \sum_{i=1}^{n} v_i) = k_j v_j = \alpha.$$

• $\alpha = k e_{i_1} \ldots e_{i_\sigma} e_{j_1}^* \ldots e_{j_\tau}^*$ avec $k \in K; \sigma, \tau \geq 0, \sigma + \tau > 0, e_{i_s} \in E^1$ et $e_{j_t}^* \in (E^1)^*$ pour $0 \leq s \leq \sigma$ et $0 \leq t \leq \tau$. On a dans ce cas

$$\alpha \left(\sum_{i=1}^{n} v_i \right) = k e_{i_1} \ldots e_{i_\sigma} e_{j_1}^* \ldots e_{j_\tau}^* \left(\sum_{i=1}^{n} v_i \right) = k e_{i_1} \ldots e_{i_\sigma} e_{j_1}^* \ldots e_{j_{\tau-1}}^* \left(e_{j_\tau}^* \sum_{i=1}^{n} v_i \right)$$

$$= k e_{i_1} \ldots e_{i_\sigma} e_{j_1}^* \ldots e_{j_{\tau-1}}^* e_{j_\tau}^* = \alpha.$$

Par ailleurs, on sait que $L(E)$ est générée par $E^0 \bigcup E^1 \bigcup (E^1)^*$ donc tout $\alpha \in L(E)$ peut être écrit sous la forme

$$\alpha = \sum_{s=1}^{q} k_s v_s + \sum_{l=1}^{m} c_l p_l$$

où $k_s, c_l \in K \setminus \{0\}$ et p_l sont des monômes du type (b) pour tout $s \in \{1 \ldots q\}$ et $l \in \{1 \ldots m\}$. Par conséquent,

$$\alpha \left(\sum_{i=1}^{n} v_i \right) = \left(\sum_{s=1}^{q} k_s v_s + \sum_{l=1}^{m} c_l p_l \right) \left(\sum_{i=1}^{n} v_i \right) = \sum_{s=1}^{q} k_s \left(\sum_{i=1}^{n} v_s v_i \right) + \sum_{l=1}^{m} c_l \left(\sum_{i=1}^{n} p_l v_i \right)$$

$$= \sum_{s=1}^{q} k_s v_s + \sum_{l=1}^{m} c_l p_l = \alpha.$$

D'où une deuxième conclusion :

$$\forall \alpha \in L(E), \ \alpha \left(\sum_{i=1}^{n} v_i \right) = \alpha.$$

Finalement, en tenant compte des deux conclusions préliminaires, auxquelles on a abouti précédemment, on obtient :

$$\left(\sum_{i=1}^{n} v_i\right)\alpha = \alpha = \alpha\left(\sum_{i=1}^{n} v_i\right).$$

D'où, si E^0 est fini alors $L(E)$ est unitaire.

$2^{\text{ème}}$ **cas.** L'ensemble E^0 est infini.

Montrons que $L(E)$ est une algèbre ayant des unités locales. Considérons un sous-ensemble fini $\{a_1, \ldots, a_t\}$ de $L(E)$. Chaque élément a_i peut être écrit sous la forme suivante :

$$a_i = \sum_{s=1}^{n_i} k_s^i v_s^i + \sum_{l=1}^{m_i} c_l^i p_l^i$$

où k_s^i, $c_l^i \in K \setminus \{0\}$ et p_l^i sont des monômes du type (b).

Posons

$$V = \bigcup_{i=1}^{t} \left\{ v_s^i, s(p_l^i), r(p_l^i) : s = 1, \ldots, n_i \; ; \; l = 1, \ldots, m_i \right\}$$

et

$$\alpha = \sum_{v \in V} v.$$

On a alors,

$$\alpha a_i = \sum_{v \in V} v \left(\sum_{s=1}^{n_i} k_s^i v_s^i + \sum_{l=1}^{m_i} c_l^i p_l^i\right) = \sum_{v \in V} v = \alpha =$$

$$\left(\sum_{s=1}^{n_i} k_s^i v_s^i + \sum_{l=1}^{m_i} c_l^i p_l^i\right)\left(\sum_{v \in V} v\right) = a_i \alpha$$

où, la troisième égalité est une application du premier cas.

On en conclut que $L(E)$ est une algèbre qui possède des unités locales.

Avant de présenter le prochain lemme, rappelons d'abord une définition. Une algèbre A est dite $\mathbb{Z}$-graduée, s'il existe une famille $\{A_n\}_{n \in \mathbb{Z}}$ de sous-espaces de A tels que $A = \oplus_{n \in \mathbb{Z}} A_n$ et $A_n A_m \subseteq A_{n+m}$ pour tous $n, m \in \mathbb{Z}$.

18

Tout élément de $\cup_{n \in \mathbb{Z}} A_n$ est alors appelé un élément homogène et A_n est appelée une composante homogène de degré n.

À titre d'exemples, l'algèbre $A = K[X]$ des polynômes à coefficients dans un corps K est $\mathbb{Z}$-graduée où, pour tout $n \in \mathbb{Z}$, la composante A_n est le sous-espace engendré par X^n, si $n \geq 0$ et $A_n = 0$ si $n < 0$. On dit dans ce cas A est positivement graduée. L'algèbre $K[X, X^{-1}]$ des polynômes de Laurent, où K est un corps, est $\mathbb{Z}$-graduée avec des composantes homogènes non nulles pour tout $n \in \mathbb{Z}$.

2.5.3 Lemme 3

L'algèbre $L(E)$ est $\mathbb{Z}$-graduée dont le degré est induit par :
$deg(v_i) = 0$ pour tout $v_i \in E^0$, $deg(e_i) = 1$ et $deg(e_i^*) = -1$ pour tout $e_i \in E^1$. Autrement dit,

$$L(E) = \oplus_{n \in \mathbb{Z}} L(E)_n$$

où

$$L(E)_0 = \mathbb{K}E^0 + A_0 \text{ et } L(E)_n = A_n, \ \forall n \neq 0$$

avec

$$A_n = \sum \left\{ k e_{i_1} \ldots e_{i_\sigma} e_{j_1}^* \ldots e_{j_\tau}^* : \sigma + \tau > 0, e_{i_s} \in E^1, e_{j_t}^* \in (E^1)^*, k \in \mathbb{K}, \sigma - \tau = n \right\}.$$

Remarquons que ce lemme nous permet de définir le degré d'un polynôme arbitraire de $L(E)$ comme étant le maximum des degrés de ses monômes.

2.5.4 Lemme 4

Soient E un graphe et K un corps. Tout ensemble de chemins distincts de $L(E)$ est K-linéairement indépendant.

Preuve

Soient $\mu_1, \ldots, \mu_n$ des chemins différents. Écrivons pour des scalaires $k_i \in K$ que

$$\sum_i k_i \mu_i = 0.$$

En appliquant le fait que $L(E)$ est $\mathbb{Z}$-graduée, on peut supposer que tous les chemins ont la même longueur.

Comme
$$\mu_j^* \mu_i = \delta_{ij} r(\mu_j)$$
alors
$$0 = \sum_i k_i \mu_j^* \mu_i = k_j r(\mu_j),$$
ce qui implique que $k_j = 0$ et le résultat suit.

3 Chemins fermés

3.1 Définitions

Un chemin fermé basé sur v est un chemin $\mu = \mu_1 \ldots \mu_n$ avec $\mu_j \in E^1$, $\forall n \geq 1$ et tel que $s(\mu) = r(\mu) = v$.
L'ensemble de tous ces chemins est noté $CF(v)$.

Un chemin fermé simple basé sur v, $\mu = \mu_1 \ldots \mu_n$ est un chemin fermé basé sur v, tel que $s(\mu_j) \neq v \ \forall j > 1$.
L'ensemble de tous ces chemins est noté $CFS(v)$.

Remarques

1) Tout chemin fermé simple est en particulier un chemin fermé, mais le contraire est en général faux.

2) Un cycle est un chemin fermé simple basé sur n'importe lequel de ses sommets.

On va montrer ce dernier point, pour la source du chemin. Considérons tout d'abord un cycle, $\mu = \mu_1 \ldots \mu_n$. On a donc par définition,
$$s(\mu) = r(\mu) \text{ et } s(\mu_i) \neq s(\mu_j),$$
pour tous i, j tels que $i \neq j$, appartenant à $\{1, \ldots, n\}$. Posons $v = s(\mu)$ on a alors, par hypothèse :
$$s(\mu) = r(\mu) = v \text{ et } s(\mu_j) \neq v = s(\mu_1), \ \forall j > 1.$$

D'où μ est un chemin fermé simple basé sur $s(\mu)$.

3.2 Lemmes

3.2.1 Lemme 5

Soient μ et ν deux chemins fermés simples basés sur v.
Alors

$$\mu^* \nu = \delta_{\mu,\nu} v.$$

Preuve

Soient μ et ν deux chemins fermés simples basés sur v.
Pour commencer prenons α et β deux chemins quelconques de $L(E)$, de même degré tels que

$$\alpha = e_{i_1} \ldots e_{i_\sigma}$$

et

$$\beta = e_{j_1} \ldots e_{j_\tau}$$

On a alors deux cas.

Cas 1 : les chemins α et β ont le même degré mais sont distincts.

Soit $b \geq 1$, le sous-indice de la première arête où α et β bifurquent, c'est-à-dire,

$$e_{i_a} = e_{j_a}, \ \forall a < b \ \text{ et } e_{i_c} \neq e_{j_c}, \ \forall c \geq b$$

Alors

$$\alpha^* \beta = e_{i_\sigma}^* \ldots e_{i_1}^* e_{j_1} \ldots e_{j_\tau} =$$

$$e_{i_\sigma}^* \ldots e_{i_b}^* e_{i_{b-1}}^* \ldots e_{i_1}^* e_{i_1} \ldots e_{i_{b-1}} e_{j_b} \ldots e_{j_\tau} =$$

$$e_{i_\sigma}^* \ldots e_{i_b}^* e_{i_{b-1}}^* \ldots e_{i_2}^* r(e_{i_1}) e_{i_2} \ldots e_{i_{b-1}} e_{j_b} \ldots e_{j_\tau} =$$

$$e_{i_\sigma}^* \ldots e_{i_b}^* e_{i_{b-1}}^* \ldots e_{i_2}^* s(e_{i_2}) e_{i_2} \ldots e_{i_{b-1}} e_{j_b} \ldots e_{j_\tau} =$$

$$e_{i_\sigma}^* \ldots e_{i_b}^* e_{i_{b-1}}^* \ldots e_{i_2}^* e_{i_2} \ldots e_{i_{b-1}} e_{j_b} \ldots e_{j_\tau} =$$

$$\vdots$$

$$e_{i_\sigma}^* \ldots e_{i_b}^* e_{j_b} \ldots e_{j_\tau} = e_{i_\sigma}^* \ldots e_{i_{b+1}}^* \delta_{e_{i_b}, \, e_{j_b}} r(e_{j_b}) e_{j_{b+1}} \ldots e_{j_\tau} =$$

$$e_{i_\sigma}^* \ldots e_{i_{b+1}}^* 0 \ r(e_{j_b}) e_{j_{b+1}} \ldots e_{j_\tau} = 0.$$

Cas 2 : lorsque $\alpha = \beta$, on a

$$\alpha^* \beta = e_{i_\sigma}^* \ldots e_{i_1}^* e_{i_1} \ldots e_{i_\sigma} = e_{i_\sigma}^* \ldots e_{i_2}^* r(e_{i_1}) e_{i_2} \ldots e_{i_\sigma} =$$

$$e_{i_\sigma}^* \ldots e_{i_2}^* s(e_{i_2}) e_{i_2} \ldots e_{i_\sigma} = e_{i_\sigma}^* \ldots e_{i_2}^* e_{i_2} \ldots e_{i_\sigma} = e_{i_\sigma}^* \ldots e_{i_3}^* r(e_{i_2}) e_{i_3} \ldots e_{i_\sigma} =$$

$$\vdots$$

$$= r(e_\sigma) = r(\alpha).$$

Retournons encore une fois à μ et ν. On se retrouve en présence de quatre cas :

1er **cas** : μ et ν ont le même degré mais sont distincts.

D'après le **Cas 1**, on a
$$\mu^* \nu = 0 = \delta_{\mu,\nu} v.$$

$2^{\grave{e}me}$ **cas** : $\mu = \nu$

D'après le **Cas 2**, on a
$$\mu^* \nu = r(\mu) = v = \delta_{\mu,\nu} v.$$

$3^{\grave{e}me}$ **cas** : $\deg \mu < \deg \nu$.
On peut dans ce cas écrire
$$\nu = \nu_1 \nu_2$$
où $\deg \nu_1 = \deg \mu$ et $\deg \nu_2 > 0$.
Supposons que $\mu = \nu_1$ alors $v = r(\mu) = r(\nu_1) = s(\nu_2)$, ce qui est absurde car $\nu \in CFS(v)$ donne par définition que $s(\nu_j) \neq v$ pour tout $j > 1$.
Par suite $\mu \neq \nu_1$. Le **Cas 1** nous donne que $\mu^* \nu_1 = 0$.
Donc
$$\mu^* \nu = \mu^* \nu_1 \nu_2 = 0 \nu_2 = 0 = \delta_{\mu,\nu} v.$$

$4^{\grave{e}me}$ **cas** : $\deg \mu > \deg \nu$.
On peut alors écrire
$$\mu = \mu_1 \mu_2$$
où $\deg \mu_1 = \deg \nu$ et $\deg \mu_2 > 0$.
Comme précédemment, supposons $\nu = \mu_1$ alors $v = r(\nu) = r(\mu_1) = s(\mu_2)$ ce qui est absurde car $\mu \in CFS(v)$ donne par définition que $s(\mu_j) \neq v$ pour tout $j > 1$. D'où $\nu \neq \mu_1$, et le **Cas 1** nous donne que $\mu_1^* \nu = 0$.
Donc
$$\mu^* \nu = \mu_2^* \mu_1^* \nu = \mu_2^* 0 = 0 = \delta_{\mu,\nu} v$$

et le résultat suit.

3.2.2 Lemme 6

Pour tout $p \in CF(v)$, il existe $c_1, \ldots, c_m \in CFS(v)$, uniques tels que

$$p = c_1 \ldots c_m.$$

Preuve

Écrivons

$$p = e_{i_1} \ldots e_{i_n}.$$

On a donc en particulier, $r(p) = s(p) = v$.

Existence :

Soit $T = \{t \in \{1, \ldots, n\} : r(e_{i_t}) = v\}$. Dressons la liste $t_1 < \ldots < t_m = n$ de tous les éléments de T. Observons que T est non vide car $n \in T$.
Posons maintenant $c_1 = e_{i_1} \ldots e_{i_{t_1}}$ et $c_j = e_{i_{t_{j-1}}} \ldots e_{i_{t_j}}$, pour $1 < j \leq m$. On a alors,

$$c_1 \ldots c_m = e_{i_1} \ldots e_{i_n} = p.$$

Pour $1 < j \leq m$, on a par définition de c_j que

$$s(c_j) = s(e_{i_{t_{j-1}}}) = r(e_{i_{t_{j-2}}}) = v$$

et

$$r(c_j) = r(e_{i_{t_j}}) = v.$$

Par conséquent, $c_j \in CF(v)$.
Pour $j = 1$ on a par définition de c_1 que

$$s(c_1) = s(e_{i_1}) = s(p) = v$$

et

$$r(c_1) = r(e_{i_{t_1}}) = v$$

d'où $c_1 \in CF(v)$.
Ainsi, pour tout $j \in \{1, \ldots, m\}$, $c_j \in CF(v)$.
Comme de plus les c_j sont par construction simples, alors on a la preuve que

$$c_1, \ldots, c_m \in CFS(v).$$

Unicité :

Écrivons
$$p = c_1 \ldots c_r = d_1 \ldots d_s$$
avec $c_i, d_j \in CFS(v)$ pour tous $i \in \{1, \ldots, r\}$ et $j \in \{1, \ldots, s\}$.
Donc,
$$c_1^* p = c_1^* c_1 \ldots c_r = c_1^* d_1 \ldots d_s.$$
Or,
$$c_1^* c_1 \ldots c_r = r(c_1) c_2 \ldots c_r = v c_2 \ldots c_r \neq 0$$
entraîne que
$$0 \neq v c_2 \ldots c_r = c_1^* d_1 \ldots d_s$$
et par conséquent,
$$c_1^* d_1 \ldots d_s \neq 0.$$
Or, d'après le lemme 5,
$$c_1^* d_1 = \delta_{c_1, d_1} v$$
ce qui donne : $c_1 = d_1, \ldots$
De la même manière, on montre que
$$c_i = d_j \text{ et } r = s.$$

D'où l'unicité de la décomposition.

Remarque

Pour $p \in CF(v)$, on définit le *degré de retour* de p à v comme étant le nombre $m \geq 1$ dans la décomposition du lemme 6, ce nombre est noté
$$DR(p) = DR_v(p) = m.$$

Donc, en particulier, $CFS(v)$ est l'ensemble des chemins de $CF(v)$ ayant un degré de retour égal à 1.
On étend cette notion aux sommets en posant :
$$DR_v(p) = 0$$

et aux combinaisons linéaires non nulles de la forme $\sum k_s p_s$
avec $p_s \in CF(v) \cup \{v\}$ et $k_s \in K \setminus \{0\}$, par
$$DR\left(\sum k_s p_s\right) = max\left\{DR(p_s)\right\}.$$

3.3 Lemme 7

Soit E un graphe. Les assertions suivantes sont équivalentes :
(i) Tout cycle a une sortie.
(ii) Tout chemin fermé a une sortie.
(iii) Tout chemin fermé simple a une sortie.
(iv) Pour tout $v_i \in E^0$, si $CFS(v_i) \neq \emptyset$ alors, il existe $c \in CFS(v_i)$ ayant une sortie.

Preuve

Les implications, $(ii) \Rightarrow (iii) \Rightarrow (i)$ sont triviales.
L'implication $(iii) \Rightarrow (iv)$ est également triviale.
Pour justifier que (i) implique (ii), considérons $\mu \in CF(v_i)$. D'après le Lemme 6, on peut écrire μ sous la forme suivante :

$$\mu = c^{(1)} \ldots c^{(m)}$$

où $c^{(j)} \in CFS(v_i)$ pour tout $j \in \{1, \ldots, m\}$.
Il est clair que si $c^{(m)}$ est un cycle alors il a, par hypothèse, une sortie et par suite μ a une sortie ; et sinon $c^{(m)}$ visite plus d'une fois, un sommet (différent de v_i). Écrivons

$$c^{(m)} = c_1^{(m)} \ldots c_s^{(m)}$$

où $c_i^{(m)} \in E^1$ pour tout $i \in \{1, \ldots, s\}$ et notons $c_{s_0}^{(m)}$ la dernière arête pour laquelle

$$s(c_j^{(m)}) \in \left\{ s(c_i^{(m)}) \ : \ i \in \{1, \ldots, s\}, i \neq j \right\}.$$

Donc, il existe $s_1 < s_0$ tel que

$$s(c_{s_1}^{(m)}) = s(c_{s_0}^{(m)}).$$

On a trois cas possibles :
1er cas : si $c_{s_1}^{(m)} = c_{s_0}^{(m)}$ et $s_0 < s$, alors

$$r(c_{s_0}^{(m)}) = r(c_{s_1}^{(m)}).$$

D'où,

$$s(c_{s_0+1}^{(m)}) = s(c_{s_1+1}^{(m)})$$

ce qui est en contradiction avec le choix de $c_{s_0}^{(m)}$.

$\underline{2^{ème} \text{ cas}}$: si $c_{s_0}^{(m)} = c_{s_1}^{(m)}$ et $s_0 = s$, c'est-à-dire que

$$r(c_{s_1}^{(m)}) = r(c_s^{(m)}) = r(c^{(m)}) = v_i.$$

Ce qui est impossible, car $c^{(m)} \in CFS(v_i)$.

$\underline{3^{ème} \text{ cas}}$: si $c_{s_0}^{(m)} \neq c_{s_1}^{(m)}$.

Dans ce cas, $c_{s_1}^{(m)}$ est une sortie pour $c^{(m)}$ donc c'est une sortie pour μ.

Intéressons-nous à présent à l'implication $(iv) \Rightarrow (iii)$.

Considérons $c^{(1)} \in CFS(v_i)$ où $v_i \in E^0$. Par hypothèse, on sait qu'il existe $c^{(2)} \in CFS(v_i)$ ayant une sortie. On a alors deux cas.

$\underline{1^{er} \text{ cas}}$: si $c^{(1)} = c^{(2)}$, le résultat est immédiat.

$\underline{2^{ème} \text{ cas}}$: si $c^{(1)} \neq c^{(2)}$, on écrit

$$c^{(1)} = e_{i_1} \ldots e_{i_s} \text{ et } c^{(2)} = e_{j_1} \ldots e_{j_r}$$

et on procède par étapes.

∗) *Étape 1* : si $e_{i_1} \neq e_{j_1}$ alors, puisque $s(e_{i_1}) = s(e_{j_1}) = v_i$, ($c^{(1)}$ et $c^{(2)}$ sont dans $CFS(v_i)$), e_{j_1} est une sortie de $c^{(1)}$.

∗) *Étape 2* : si $e_{i_1} = e_{j_1}$ alors $r(e_{i_1}) = r(e_{j_1})$ et par conséquent, $s(e_{i_2}) = s(e_{j_2})$.

∗) *Étape 3* : si $e_{i_2} \neq e_{j_2}$ alors e_{j_2} est une sortie de $c^{(1)}$ comme dans l'étape 1.

∗) *Étape 4* : si $e_{i_2} = e_{j_2}$ alors on continue comme dans l'étape 2.

Il est clair qu'en itérant ce processus, ou bien on trouve une sortie de $c^{(1)}$ ou bien on achève les arêtes d'un chemin sans l'autre (car $c^{(1)} \neq c^{(2)}$).

On a donc deux situations :

1) $c^{(1)} = c^{(2)} e_{i_t} \ldots e_{i_s}$ avec $t \leq s$, mais ceci est impossible car

$$s(e_{i_t}) = r(c^{(2)}) = v_i \text{ et } c^{(1)} \in CFS(v_i).$$

2) $c^{(2)} = c^{(1)} e_{j_q} \ldots e_{j_r}$ pour $q \leq r$, ce qui est aussi impossible car

$$s(e_{j_q}) = r(c^{(1)}) = v_i \text{ et } c^{(2)} \in CFS(v_i).$$

4 Algèbres de chemins de Leavitt simples

4.1 Proposition 8

Soit E un graphe vérifiant la propriété que tout cycle possède une sortie.

Si $\alpha \in L(E)$ est un polynôme à arêtes, seulement réelles avec $deg(\alpha) > 0$, alors il existe $a, b \in L(E)$ tels que $a\alpha b \neq 0$ est un polynôme à arêtes, seulement réelles et

$$\deg(a\alpha b) < \deg(\alpha).$$

Preuve

Écrivons

$$\alpha = \sum_{e_i \in E^1} e_i \alpha_{e_i} + \sum_{v_l \in E^0} k_l v_l$$

où les α_{e_i} sont des polynômes à arêtes seulement réelles et tels que

$$deg(\alpha_{e_i}) < deg(\alpha) = m.$$

On distingue les cas suivants :

1er**cas** : si pour tout l, $k_l = 0$.

Comme $\alpha \neq 0$ alors il existe i_0 tel que $e_{i_0} \alpha_{e_{i_0}} \neq 0$. D'après le lemme 2, il existe $b \in L(E)$ tel que $\alpha b = \alpha$. Si on pose $a = e_{i_0}^*$ alors,

$$a\alpha b = a\alpha = e_{i_0}^* \left(\sum_{e_i \in E^1} e_i \alpha_{e_i} \right) = e_{i_0}^* e_{i_0} \alpha_{e_{i_0}} = r(e_{i_0}) \alpha_{e_{i_0}} = \alpha_{e_{i_0}} \neq 0.$$

Donc $a\alpha b$ est un polynôme à arêtes seulement réelles et

$$deg(a\alpha b) = deg(\alpha_{e_{i_0}}) < deg(\alpha).$$

Sinon, on a :

$2^{\grave{e}me}$ **cas** : il existe $k_{l_0} \neq 0$, alors

$$v_{l_0} \alpha v_{l_0} = \sum_{e_i \in E^1} v_{l_0} e_i \alpha_{e_i} v_{l_0} + \sum_{v_l \in E^0} k_l v_{l_0} v_l v_{l_0} =$$

$$\sum_{e_i \in E^1} v_{l_0} e_i \alpha_{e_i} v_{l_0} + k_{l_0} v_{l_0} = \sum_{p \in CF(v_{l_0})} k_p p + k_{l_0} v_{l_0}$$

car on a,
$$\forall e_i \in E^1, \ v_{l_0}\alpha_{e_i}v_{l_0} \in CF(v_{l_0}), \ \text{où } k_p \in K.$$

Notons que $v_{l_0}\alpha v_{l_0}$ est à arêtes seulement réelles et $v_{l_0}\alpha v_{l_0} \neq 0$ car $k_{l_0} \neq 0$.
On a maintenant deux sous-cas :

• si $deg(v_{l_0}\alpha v_{l_0}) < deg(\alpha)$, alors dans ce cas, on peut prendre $a = v_{l_0}$ et $b = v_{l_0}$.

• Si $deg(v_{l_0}\alpha v_{l_0}) = deg(\alpha) = m > 0$ alors, il existe $p_0 \in CF(v_{l_0})$ tel que $k_{p_0}p_0 \neq 0$. Le lemme 6 nous permet d'écrire

$$p_0 = c_1 \ldots c_\sigma$$

où $\sigma \geq 1$ et les $c_1, \ldots, c_\sigma$ sont des chemins fermés simples basés sur v_{l_0}.
Par suite, $CFS(v_{l_0}) \neq \emptyset$.
Le lemme 7 nous donne maintenant qu'il existe un $c_{s_0} \in CFS(v_{l_0})$ ayant une sortie e_{i_0}, c'est-à-dire si

$$c_{s_0} = e_{i_1} \ldots e_{i_{s_0}}$$

alors il existe $j \in \{1, \ldots, s_0\}$ tel que $s(e_{i_j}) = s(e_{i_0})$ et $e_{i_j} \neq e_{i_0}$.
Soit z le chemin défini par

$$z = e_{i_1} \ldots e_{i_{j-1}}e_{i_0}.$$

On remarque que z est tel que

$$c_{s_0}^* z = e_{i_{s_0}}^* \ldots e_{i_1}^* e_{i_1} \ldots e_{i_{j-1}}e_{i_0} = e_{i_{s_0}}^* \ldots e_{i_{j+1}}^* e_{i_j}^* e_{i_{j-1}}^* \ldots e_{i_2}^* r(e_{i_1})e_{i_2} \ldots e_{i_{j-1}}e_{i_0} =$$

$$e_{i_{s_0}}^* \ldots e_{i_{j+1}}^* e_{i_j}^* e_{i_{j-1}}^* \ldots e_{i_2}^* s(e_{i_2})e_{i_2} \ldots e_{i_{j-1}}e_{i_0} =$$

$$e_{i_{s_0}}^* \ldots e_{i_{j+1}}^* e_{i_j}^* e_{i_{j-1}}^* \ldots e_{i_2}^* e_{i_2} \ldots e_{i_{j-1}}e_{i_0} = \ldots$$

$$e_{i_{s_0}}^* \ldots e_{i_{j+1}}^* e_{i_j}^* r(e_{i_{j-1}})e_{i_0} = e_{i_{s_0}}^* \ldots e_{i_{j+1}}^* e_{i_j}^* s(e_{i_j})e_{i_0} =$$

$$e_{i_{s_0}}^* \ldots e_{i_{j+1}}^* e_{i_j}^* e_{i_0} = e_{i_{s_0}}^* \ldots e_{i_{j+1}}^* \delta_{e_{i_j},e_{i_0}} r(e_{i_0}) = 0.$$

Nommons ce résultat (R).
Le lemme 6 nous permet d'écrire

$$(1) \qquad v_{l_0}\alpha v_{l_0} = k_{l_0}v_{l_0} + \sum_{c_s \in CFS(v_{l_0})} c_s \alpha_{c_s}^{(1)}$$

où
$$\gamma = DR(v_{l_0} \alpha v_{l_0}) > 0$$
et $\alpha_{c_s}^{(1)}$ est un polynôme à arêtes seulement réelles vérifiant
$$DR\left(\alpha_{c_s}^{(1)}\right) < \gamma.$$

Maintenant, on présente un processus avec lequel on fait décroître le degré de retour du polynôme en le multipliant des deux côtés par les éléments appropriés de $L(E)$. En particulier, en multipliant la relation (1) par $c_{s_0}^*$ à gauche, on obtient :
$$c_{s_0}^*(v_{l_0} \alpha v_{l_0}) = k_{l_0} c_{s_0}^* v_{l_0} + c_{s_0}^* c_{s_0} \alpha_{c_{s_0}}^{(1)}$$
or
$$c_{s_0}^* c_{s_0} \alpha_{c_{s_0}}^{(1)} = r(c_{s_0}) \alpha_{c_{s_0}}^{(1)} = v_{l_0} \alpha_{c_{s_0}}^{(1)} = \alpha_{c_{s_0}}^{(1)}$$
et
$$k_{l_0} c_{s_0}^* v_{l_0} = k_{l_0} c_{s_0}^* s(c_{s_0}) = k_{l_0} c_{s_0}^*$$
d'où,
(2)
$$c_{s_0}^*(v_{l_0} \alpha v_{l_0}) = k_{l_0} c_{s_0}^* + \alpha_{c_{s_0}}^{(1)}.$$

Cas 1 : $\alpha_{c_{s_0}}^{(1)} = 0$.
Si on prend $A = c_{s_0}^*$ et $B = c_{s_0}$ alors on obtient,
$$A(v_{l_0} \alpha v_{l_0})B = c_{s_0}^*(v_{l_0} \alpha v_{l_0})c_{s_0} =^{(2)} k_{l_0} c_{s_0}^* c_{s_0} = k_{l_0} r(c_{s_0}) = k_{l_0} v_{l_0} \neq 0$$
et par conséquent, $A(v_{l_0} \alpha v_{l_0})B$ est un polynôme à arêtes seulement réelles tel que
$$DR(A(v_{l_0} \alpha v_{l_0})B) = 0 < \gamma = DR(v_{l_0} \alpha v_{l_0}).$$

Cas 2 : $\alpha_{c_{s_0}}^{(1)} \neq 0$ et $DR(\alpha_{c_{s_0}}^{(1)}) = 0$.
Il existe alors, $k^{(2)} \in K \setminus \{0\}$ tel que $\alpha_{c_{s_0}}^{(1)} = k^{(2)} v_{l_0}$
Retournons maintenant à z, on obtient,
$$z^* c_{s_0}^*(v_{l_0} \alpha v_{l_0})z = z^*(k_{l_0} c_{s_0}^* + k^{(2)} v_{l_0})z = z^*(k_{l_0} c_{s_0}^* z + k^{(2)} v_{l_0} z) =^{(R)}$$

$$z^*(0 + k^{(2)}v_{l_0}z) = z^*k^{(2)}v_{l_0}z = z^*k^{(2)}z = k^{(2)}z^*z = k^{(2)}r(z) \neq 0.$$

En prenant $A = z^*c_{s_0}^*$ et $B = z$ il vient,

$$A(v_{l_0}\alpha v_{l_0})B = k^{(2)}r(z) \neq 0,$$

qui est un polynôme à arêtes seulement réelles tel que,

$$DR\left(A(v_{l_0}\alpha v_{l_0})B\right) = 0 < \gamma = DR(v_{l_0}\alpha v_{l_0}).$$

Cas 3 : $DR(\alpha_{c_{s_0}}^{(1)}) > 0$.

On peut écrire

$$\alpha_{c_{s_0}}^{(1)} = k^{(2)}v_{l_0} + \sum_{c_s \in CFS(v_{l_0})} c_s \alpha_{c_s}^{(2)}$$

où les $\alpha_{c_s}^{(2)}$ sont des polynômes à arêtes seulement réelles dont le degré de retour est inférieur à celui de $\alpha_{c_{s_0}}^{(1)}$.

Maintenant le fait que $0 < DR(\alpha_{c_{s_0}}^{(1)}) < \gamma$ donne que $\gamma \geq 2$.

En multipliant (2) par $c_{s_0}^*$ il vient

$$c_{s_0}^*c_{s_0}^*(v_{l_0}\alpha v_{l_0}) = k_{l_0}c_{s_0}^*c_{s_0}^* + k^{(2)}c_{s_0}^*v_{l_0} + c_{s_0}^* \sum_{c_s \in CFS(v_{l_0})} c_\alpha \alpha_{c_s}^{(2)} =$$

$$k_{l_0}(c_{s_0}^*)^2 + k^{(2)}c_{s_0}^* + \alpha_{c_{s_0}}^{(2)}$$

et par conséquent,

$$(c_{s_0}^*)^2(v_{l_0}\alpha v_{l_0}) = k_{l_0}(c_{s_0}^*)^2 + k^{(2)}c_{s_0}^* + \alpha_{c_{s_0}}^{(2)}.$$

Ainsi, on est en mesure de procéder de la même manière que dans les trois cas ci-dessus et ainsi de suite jusqu'à la $\gamma^{i\grave{e}me}$ fois où on se retrouve avec l'un des deux premiers cas.

Par suite, en itérant ce processus au plus γ fois, on est certain de trouver $\tilde{A}, \tilde{B}$ tels que $\tilde{A}(v_{l_0}\alpha v_{l_0})\tilde{B} \neq 0$ soit un polynôme à arêtes seulement réelles vérifiant,

$$DR\left(\tilde{A}(v_{l_0}\alpha v_{l_0})\tilde{B}\right) = 0.$$

Ceci entraîne que

$$0 = deg(\tilde{A}(v_{l_0}\alpha v_{l_0})\tilde{B}) < deg(\alpha).$$

Par suite $a = \tilde{A}v_{l_0}$ et $b = v_{l_0}\tilde{B}$ sont les éléments recherchés.

4.2 Corollaire 9

Soit E un graphe satisfaisant la propriété que tout cycle a une sortie.
Si $\alpha \neq 0$ est un polynôme à arêtes seulement réelles, alors il existe $a, b \in L(E)$ tels que $a\alpha b \in E^0$.

Preuve

On peut appliquer la Proposition 8 jusqu'à obtenir $a', b' \in L(E)$ tels que $0 \neq a'\alpha b'$ soit un polynôme à arêtes seulement réelles vérifiant

$$\deg(a'\alpha b') = 0.$$

D'où,

$$a'\alpha b' = \sum_{i=1}^{t} k_i v_i \neq 0.$$

Il existe donc $j \in \{1, \dots, t\}$ tel que $k_j \neq 0$. En choisissant $a = k_j^{-1} a'$ et $b = b' v_j$, on obtient

$$a\alpha b = k_j^{-1} a'\alpha b' v_j = k_j^{-1} \sum_{i=1}^{t} k_i v_i v_j = k_j^{-1} k_j v_j = v_j \in E^0.$$

4.3 Corollaire 10

Soit E un graphe tel que tout cycle ait une sortie.
Si J est un idéal de $L(E)$ contenant un polynôme non nul à arêtes seulement réelles alors $E^0 \cap J \neq \emptyset$.

Preuve

Soit α un polynôme non nul dans J à arêtes seulement réelles. Le corollaire 9 affirme qu'il existe des éléments a et b de $L(E)$ tels que $a\alpha b \in E^0$. Or J étant un idéal, il est évident que $a\alpha b \in J$.
Donc, $a\alpha b \in E^0 \cap J$ et par conséquent,

$$E^0 \cap J \neq \emptyset.$$

Jusqu'ici, les trois derniers résultats auxquels on s'est intéressé concernent uniquement les polynômes à arêtes seulement réelles. Il est donc naturel de se poser la question de savoir s'il est possible de les étendre aux polynômes à arêtes seulement virtuelles. Pour ce faire, on doit équiper $L(E)$ d'une involution.

4.4 Lemme 11

L'algèbre $L(E)$ peut être équipée d'une involution $x \longmapsto \bar{x}$ définie sur les monômes et étendue par linéarité à $L(E)$ tout entier, par :
a) si $k_i \in K$ et $v_i \in E^0$, on pose

$$\overline{k_i v_i} = k_i v_i.$$

b) Si $k \in K; \sigma, \tau \geq 0, \sigma + \tau > 0$ et $e_{i_s} \in E^1$, $(e_{j_t}^*) \in (E^1)^*$, pour tout s appartenant à $\{1, \ldots, \sigma\}$ et pour tout t appartenant à $\{1, \ldots, \tau\}$, on pose

$$\overline{k e_{i_1} \ldots e_{i_\sigma} e_{j_1}^* \ldots e_{j_\tau}^*} = k e_{j_\tau} \ldots e_{j_1} e_{i_\sigma}^* \ldots e_{i_1}^*.$$

Remarques :

1. Cette involution transforme un polynôme à arêtes uniquement réelles en un polynôme à arêtes uniquement virtuelles et vice-versa.
2. Si J est un idéal de $L(E)$ alors $\bar{J}$ l'est aussi.

On peut maintenant définir pour les chemins virtuels, des ensembles et des quantités analogues à ceux donnés pour les chemins réels.

4.5 Proposition 12

Soit E un graphe vérifiant que tout cycle ait une sortie.
Si $\alpha \in L(E)$ est un polynôme à arêtes seulement virtuelles avec $deg(\overline{\alpha}) > 0$ alors il existe $a, b \in L(E)$ tels que $a \alpha b \neq 0$ est un polynôme à arêtes seulement virtuelles, vérifiant

$$\deg(\overline{a \alpha b}) < \deg(\overline{\alpha}).$$

Preuve

Par hypothèse $\overline{\alpha}$ est un polynôme à arêtes seulement réelles avec $\deg(\overline{\alpha}) > 0$. La proposition 8, nous assure l'existence de $a', b' \in L(E)$ tels que $a' \, \overline{\alpha} \, b' \neq 0$ soit un polynôme à arêtes seulement réelles et vérifiant

$$\deg(a' \, \overline{\alpha} \, b') < \deg(\overline{\alpha}).$$

Posons alors $a = \overline{a'}$ et $b = \overline{b'}$, on a

$$a \; \alpha \; b = \overline{a'} \; \alpha \; \overline{b'} = \overline{a'} \; \overline{\overline{\alpha}} \; \overline{b'} = \overline{a' \; \overline{\alpha} \; b'}.$$

Donc, $a\alpha b$ est un polynôme non nul à arêtes seulement virtuelles vérifiant

$$\deg(a \; \alpha \; b) = \deg(\overline{\overline{a' \; \overline{\alpha} \; b'}}) = \deg(a' \; \overline{\alpha} \; b') < \deg(\overline{\alpha}).$$

D'où le résultat.

4.6 Corollaire 13

Soit E un graphe vérifiant que tout cycle ait une sortie. Si α est un polynôme non nul à arêtes seulement virtuelles alors il existe $a, b \in L(E)$ tels que $a\alpha b \in E^0$.

Preuve

Soit $\alpha \neq 0$ un polynôme à arêtes seulement virtuelles, alors $\overline{\alpha}$ est un polynôme non nul à arêtes seulement réelles. Le corollaire 9 affirme qu'il existe $a', b' \in L(E)$ tels que $a'\overline{\alpha}b' \in E^0$.
Posons $a = \overline{a'}$ et $b = \overline{b'}$, il vient alors

$$a\alpha b = \overline{a'} \; \overline{\overline{\alpha}} \; \overline{b'} = \overline{a' \; \overline{\alpha} \; b'}$$

Donc $a\alpha b \in E^0$.

4.7 Corollaire 14

Soit E un graphe vérifiant que tout cycle ait une sortie. Si J est un idéal de $L(E)$ contenant un polynôme non nul à arêtes seulement virtuelles alors

$$E^0 \cap J \neq \emptyset.$$

Preuve

Soit α un polynôme non nul à arêtes seulement virtuelles appartenant à l'idéal J. Alors $\overline{\alpha}$ est un polynôme à arêtes seulement réelles appartenant à l'idéal $\overline{J}$ de $L(E)$. Compte tenu du fait que $\overline{\alpha} \in E^0 \cap \overline{J}$, en appliquant le Corollaire 10, on obtient que $E^0 \cap \overline{J} \neq \emptyset$. D'où $\alpha \in E^0 \cap J$ et par conséquent, $E^0 \cap J \neq \emptyset$.

4.8 Définitions

1. Un sous-ensemble $H \subseteq E^0$ est dit *héréditaire* si

$$(w \in H \text{ et } w \leq v) \text{ implique que } v \in H.$$

2. Un sous-ensemble $H \subseteq E^0$ est dit *saturé* si

$$(s^{-1}(v) \neq \emptyset \text{ et } \{r(e) : s(e) = v\} \subseteq H) \text{ implique que } v \in H.$$

Autrement dit, H est saturé si, pour tout sommet v de E on a que, si tous les $r(e)$ pour les arêtes e satisfaisant $s(e) = v$ sont dans H, alors v doit être également dans H.

4.9 Lemme 15

Si J est un idéal de $L(E)$ alors $J \cap E^0$ est un sous-ensemble héréditaire et saturé de E^0.

Preuve

1) Montrons que $J \cap E^0$ est héréditaire.
Soient $v, w \in E^0$ tels que $v \in J$ et $v \leq w$. On sait que l'inégalité $v \leq w$ signifie que $v = w$ ou qu'il existe $\mu = \mu_1 \ldots \mu_n$ tel que $s(\mu) = v$ et $r(\mu) = w$.
Ainsi,
$(*)$ si $v = w$ alors $w \in J$ et par conséquent,

$$w \in J \cap E^0.$$

$(**)$ Sinon, il existe $\mu = \mu_1 \ldots \mu_n$ tel que $s(\mu) = v$ et $r(\mu) = w$.
Comme J est un idéal et $v \in J$, ceci implique que $\mu_1^* v \mu_1 \in J$. Or

$$\mu_1^* v \mu_1 = \mu_1^* s(\mu_1) \mu_1 = \mu_1^* \mu_1 = r(\mu_1) = s(\mu_2),$$

donc $s(\mu_2) \in J$.
En raisonnant de la même manière pour $\mu_3, \mu_4, \ldots$ on aboutit à $s(\mu_n) \in J$ et ainsi,

$$\mu_n^* s(\mu_n) \mu_n \in J.$$

Les égalités

$$\mu_n^* s(\mu_n) \mu_n = r(\mu_n) = w$$

entraînent que $w \in J$ et donc

$$w \in J \cap E^0.$$

2) Montrons que $J \cap E^0$ est saturé.

Soit $v \in E^0$ tel que $s^{-1}(v) \neq \emptyset$ et $\{r(e) : s(e) = v\} \subseteq J$. Comme $s^{-1}(v) \neq \emptyset$ alors v n'est pas un trou, ce qui nous permet d'écrire

$$v = \sum_{\{e_j \in E^1 : s(e_j) = v\}} e_j e_j^*.$$

Prenons un élément e_j tel que $s(e_j) = v$. Par hypothèse, on a $r(e_j) \in J$ ce qui entraîne, puisque J est un idéal de $L(E)$, que

$$e_j = e_j r(e_j) \in J.$$

Donc, $e_j e_j^* \in J$ et par suite, $v \in J$ et finalement,

$$v \in J \cap E^0.$$

4.10   Corollaire 16

Soit E un graphe vérifiant les propriétés suivantes :

(i) Les seuls sous-ensembles héréditaires et saturés de E^0 sont $\emptyset$ et E^0.

(ii) Tout cycle a une sortie.

Si J est un idéal non nul de $L(E)$ contenant un polynôme à arêtes seulement réelles (ou un polynôme à arêtes seulement virtuelles) alors

$$J = L(E).$$

Preuve

Le corollaire 10 (ou le corollaire 14) assure que $J \cap E^0 \neq \emptyset$ et le lemme 15 que $J \cap E^0$ est héréditaire et saturé dans E^0.

La propriété (i) donne que

$$J \cap E^0 = E^0.$$

Maintenant, le lemme 2 implique que J contient un ensemble d'unités locales et par suite

$$J = L(E).$$

35

On est maintenant en mesure de prouver le théorème de caractérisation suivant et qui est le plus important de cette partie.

4.11 Thérème 17

Soit E un graphe à files finies. L'algèbre des chemins de Leavitt $L(E)$ est simple si, et seulement si, E satisfait les deux conditions suivantes :

- (i) Les seuls sous-ensembles héréditaires et saturés de E^0 sont $\emptyset$ et E^0.
- (ii) Tout cycle de E a une sortie.

Preuve

Supposons les conditions satisfaites et montrons que $L(E)$ est simple. Considérons un idéal J de $L(E)$, non nul.
Choisissons $\alpha \in J \backslash \{0\}$ représentable comme élément ayant un degré minimal en arêtes réelles.
($*$) Si ce degré minimal est 0 alors α est un polynôme à arêtes seulement virtuelles et d'après le corollaire 16, on conclut que $J = L(E)$.
($**$) Sinon, supposons que ce degré est au moins 1. On peut alors écrire

$$\alpha = \sum_{n=1}^{m} e_{i_n} \alpha_{e_{i_n}} + \beta$$

où $m \geq 1$, $e_{i_n} \alpha_{e_{i_n}} \neq 0$ pour tout n et ainsi, chaque $\alpha_{e_{i_n}}$ est représentable comme un élément de degré inférieur à celui de α en arêtes réelles et β un polynôme (pouvant être zéro) à arêtes seulement virtuelles.
Soit v un trou de E, on a alors,

$$v\alpha = v \sum_{n=1}^{m} e_{i_n} \alpha_{e_{i_n}} + v\beta.$$

Or v étant un trou, $v e_{i_n} = 0$, $\forall n \in \{1, \ldots, m\}$, donc

$$v\alpha = v\beta$$

et par suite

$$v\beta \in J.$$

On a ainsi deux cas :

(*) Si $v\beta \neq 0$ alors il s'agit d'un élément non nul de J à arêtes seulement virtuelles. Une fois de plus, le corollaire 16 entraîne que

$$J = L(E).$$

(**) Sinon, $v\beta = 0$.

Soit e_j une arête quelconque de E^1, il y a encore deux cas possibles :

1er cas : $j \in \{i_1, \ldots, i_m\}$ alors

$$e_j^* \alpha = \sum_{n=1}^{m} e_j^* e_{i_n} \alpha_{e_{i_n}} + e_j^* \beta = e_j^* e_j \alpha_{e_j} + e_j^* \beta =$$

$$r(e_j)\alpha_{e_j} + e_j^* \beta = \alpha_{e_j} + e_j^* \beta \in J.$$

Par conséquent, si $e_j^* \alpha \neq 0$ alors il est représentable comme un élément ayant un degré en arêtes réelles, inférieur à celui de α contrairement à notre choix. Donc $e_j^* \alpha = 0$, ce qui implique

$$\alpha_{e_j} = -e_j^* \beta$$

et par suite,

$$e_j \alpha_{e_j} = -e_j e_j^* \beta.$$

2ème cas : $j \notin \{i_1, \ldots, i_m\}$, on a alors

$$e_j^* \alpha = e_j^* \beta \in J.$$

(*) Si $e_j^* \beta \neq 0$ alors c'est un élément non nul de J à arêtes seulement virtuelles. Donc, $J = L(E)$ et par suite $L(E)$ est simple.

(**) Sinon, $e_j^* \beta = 0$ c'est-à-dire

$$-e_j e_j^* \beta = 0.$$

Posons, maintenant,

$$S_1 = \{v_j \in E^0 : v_j = s(e_{i_n}) \text{ pour un } n \in \{1, \ldots, m\}\}$$

et

$$S_2 = \{v_{k_1}, \ldots, v_{k_t}\}$$

37

où
$$\left(\sum_{i=1}^{t} v_{k_i}\right)\beta = \beta.$$

On a alors, pour tout $w \in E^0 \setminus S_2$, $w\beta = 0$. De plus, par définition, S_1 ne contient pas de trous et d'après l'observation précédente, on peut supposer que S_2 n'en contient pas aussi.
Soit $S = S_1 \cup S_2$.
On a en particulier,
$$\left(\sum_{v \in S} v\right)\beta = \beta.$$

Donc,
$$\alpha = \sum_{n=1}^{m} e_{i_n}\alpha_{e_{i_n}} + \beta \overset{(1^{er}\text{cas})}{=} \sum_{n=1}^{m}(-e_{i_n}e_{i_n}^*\beta) + \beta =$$

$$\sum_{n=1}^{m}(-e_{i_n}e_{i_n}^*\beta) - \underbrace{\left(\sum_{\substack{j \notin \{i_1,\dots,i_m\}, \\ \text{tel que } s(e_j) \in S}} e_j e_j^*\right)\beta}_{(=0,\ \text{du } 2^{\grave{e}me}\ \text{cas})} + \beta =$$

$$-\left(\sum_{v \in S} v\right)\beta + \beta = -\beta + \beta = 0.$$

Donc $\alpha = 0$, ce qui est en contradiction avec le choix de α.

Traitons la réciproque.
Supposons d'abord qu'il existe un cycle p n'ayant pas de sorties.
On va montrer que $L(E)$ ne peut pas être simple.
Pour cela posons v la base de p. On va montrer que pour $\alpha = v + p$, $\langle \alpha \rangle$ est un idéal non trivial de $L(E)$ car $v \notin \langle \alpha \rangle$.
Écrivons
$$p = e_{i_1} \dots e_{i_\sigma}.$$

Puisque ce cycle n'a pas de sorties alors pour tout e_{i_j} il n'y a pas d'arêtes de source $s(e_{i_j})$ autre que e_{i_j} lui-même. Donc,
$$s(e_{i_j}) = e_{i_j}e_{i_j}^*.$$

D'où,

$$pp^* = e_{i_1} \ldots e_{i_\sigma} e_{i_\sigma}^* \ldots e_{i_1}^* = e_{i_1} \ldots e_{i_{\sigma-1}} s(e_{i_\sigma}) e_{i_{\sigma-1}}^* \ldots e_{i_1}^* =$$

$$e_{i_1} \ldots e_{i_{\sigma-1}} r(e_{i_{\sigma-1}}) e_{i_{\sigma-1}}^* \ldots e_{i_1}^* = e_{i_1} \ldots e_{i_{\sigma-1}} e_{i_{\sigma-1}}^* \ldots e_{i_1}^* = \cdots =$$

$$e_{i_1} e_{i_1}^* = s(e_{i_1}) = v.$$

De plus, $CFS(v) = \{p\}$.

Maintenant, supposons que $v \in \langle \alpha \rangle$. Il existe alors, des monômes non nuls $a_n, b_n \in L(E)$ et $c_n \in K$ tels que

$$v = \sum_{n=1}^{m} c_n a_n \alpha b_n.$$

On a

$$v \alpha v = \alpha,$$

ce qui implique qu'on peut supposer que pour tout $n \in \{1, \ldots, m\}$,

$$v a_n v = a_n \text{ et } v b_n v = b_n.$$

Pour tout a_n (respectivement, b_n), il existe un entier $u(a_n) \geq 0$ (respectivement, $u(b_n) \geq 0$) tel que

$$a_n = p^{u(a_n)} \text{ ou } a_n = (p^*)^{u(a_n)}$$

(respectivement,

$$b_n = p^{u(b_n)} \text{ ou } b_n = (p^*)^{u(b_n)}.)$$

Ainsi, a_1 est de la forme

$$a_1 = e_{k_1} \ldots e_{k_c} e_{j_1}^* \ldots e_{j_d}^*$$

avec $c, d \geq 1$ (sinon, on sera dans un cas trivial qui sera examiné après). Puisque a_1 commence et finit en v, on peut considérer les éléments

$$g = min \left\{ z : r(e_{j_z}^*) = v \right\}$$

et

$$f = max \left\{ z = s(e_{k_z}) = v \right\}$$

et posons

$$a_1' = e_{k_f} \ldots e_{k_c} e_{j_1}^* \ldots e_{j_g}^*.$$

39

Comme $v = r(e_{j_g}^*) = s(e_{j_g})$ et e_{i_1} est la seule arête venant de v alors,

$$e_{j_g} = e_{i_1}.$$

Ainsi,

$$s(e_{j_{g-1}}) = r(e_{j_{g-1}}^*) = s(e_{j_g}^*) = r(e_{j_g}) = r(e_{i_1}) = s(e_{i_2}).$$

De nouveau, la seule arête venant de $s(e_{i_2})$ est e_{i_2} et par suite

$$e_{j_{g-1}} = e_{i_2}.$$

Ce processus doit s'arrêter avant l'épuisement des arêtes de p, car on a choisit g de sorte qu'on ait $v \notin \{r(e_{j_z}^*) : z < g\}$.
De même, on peut trouver $\delta < \sigma$ tel que

$$e_{k_f} \ldots e_{k_c} = e_{i_1} \ldots e_{i_\delta}.$$

Donc,

$$a_1' = e_{i_1} \ldots e_{i_\delta} e_{i_\gamma}^* \ldots e_{i_1}^*$$

et on se retrouve avec deux cas :
(*) 1er cas : $\delta = \gamma$.
Comme p est un cycle alors

$$r(e_{i_\delta}) \neq r(e_{i_\gamma}) = s(e_{i_\gamma}^*)$$

d'où, $e_{i_\delta} e_{i_\gamma}^* = 0$, ce qui est absurde car $a_1 \neq 0$.
(**) 2ème cas : $\delta \neq \gamma$.
Dans ce cas,

$$a_1' = p_0 p_0^*$$

pour un certain sous-chemin p_0 de p et $p_0 p_0^* = v$.
Donc on obtient

$$a_1 = e_{k_1} \ldots e_{k_{f-1}} e_{j_{g+1}}^* \ldots e_{j_d}^* = xy^*$$

avec $x, y \in CF(v)$.
(Le cas $c \geq 1$, $d = 0$ donne $a_1 = x$; $c = 0$ et le cas, $d \geq 1$ donne $a_1 = y^*$ et $c = d = 0$ donne $a_1 = v$).
Le lemme 6 donne

$$x = c^{(1)} \ldots c^{(\nu)}$$

pour $c^{(\mu)} \in CFS(v) = \{p\}$ pour tout $\mu \in \{1, \ldots, \nu\}$ et de même pour y.

Ainsi,
$$a_1 = p^u(p^*)^q$$

pour $u, q \geq 0$.

En prenant en compte l'égalité $pp^* = v$, on obtient que a_1 est de la forme p^u ou $(p^*)^u$ pour $u \geq 0$.

De même pour les autres a_n et b_n.

Maintenant, puisque p et p^* commutent avec p, p^* et α alors

$$v = \sum_{n=1}^{m} c_n a_n \alpha b_n = \alpha P(p, p^*)$$

pour un certain polynôme P à coefficients dans K.

$P(p, p^*)$ peut être écrit sous la forme

$$P(p, p^*) = k_{-m}(p^*)^m + \ldots + k_0 v + \ldots + k_n p^n \in \oplus_{j=-m}^{n} L(E)_{\sigma_j}$$

où $m, n \geq 0$.

Soit m le maximum des i tels que $k_{-i} \neq 0$. On a alors,

$$\alpha P(p, p^*) = k_{-m}(p^*)^m + \sum (\text{termes de degré } \geq v).$$

Puisque $m_0 > 0$, on obtient $k_{-m_0} = 0$ ce qui est absurde. D'où, $k_{-i} = 0$ pour tout $i > 0$.

De même, $k_i = 0$ pour tout $i > 0$.

Ainsi, $P(p, p^*) = k_0 v$ signifie

$$v = \alpha P(p, p^*) = \alpha k_0 v = k_0 \alpha,$$

ce qui est impossible.

Supposons maintenant que E^0 contienne un sous-ensemble H de E^0 hérédi-taire, saturé et non trivial. On va montrer, que dans ce cas aussi, $L(E)$ n'est pas simple. Pour cela, considérons le graphe

$$F = (F^0, F^1, r_F, s_F) = (E^0 - H, r^{-1}(E^0 - H), r_{|_{E^0 - H}}, s_{|_{E^0 - H}}).$$

En d'autres termes, la construction du graphe F consiste à prendre tous les sommets qui ne sont pas dans H et toutes les arêtes dont le but n'est pas dans H.

41

Pour s'assurer que F est bien défini, vérifions que

$$s_F(F^1) \cup r_F(F^1) \subseteq F^0.$$

En effet, observons que d'une part

$$r_F(F^1) = r_F(r^{-1}(E^0 - H)) = E^0 - H \subseteq E^0 - H = F^0 :$$

et que d'autre part, si $e \in F^1$ alors $s(e) \in F^0$ car sinon $s(e) \in H$, or puisque $r(e) \geq s(e)$ et H est héréditaire alors $r(e) \in H$, ce qui est en contradiction avec $e \in E^1$. Ainsi, le graphe F est bien défini.

Construisons maintenant un homomorphisme de K-algèbres

$$\phi : L(E) \longrightarrow L(F).$$

On définit ϕ sur les générateurs de la K-algèbre libre $B = [E^0 \cup E^1 \cup (E^1)^*]$ en posant :

$$\begin{cases} \phi(v_i) = \chi_{F^0}(v_i)v_i, \\ \phi(e_i) = \chi_{F^1}(e_i)e_i \quad \text{et} \\ \phi(e_i^*) = \chi_{(F^1)^*}(e_i^*)e_i^*. \end{cases}$$

Dans le but de factoriser ϕ sur $A(\widehat{E})$, on a besoin de vérifier si,

$$\left\langle \left\{ v_i v_j - \delta_{ij} v_i : v_i, v_j \in E^0 \right\} \cup \left\{ e_i - e_i r(e_i), e_i - s(e_i)e_i : e_i \in \widehat{E} \right\} \right\rangle \subseteq Ker\phi.$$

Ce qui nécessite une simple étude, cas par cas avec pour seule situation non triviale, quand $e_i \in F^1$. Mais dans ce cas, $r(e_i) \notin H$ et par conséquent,

$$\phi(e_i - e_i r(e_i)) = e_i - e_i r(e_i) = 0$$

dans $L(F)$. Maintenant, puisque $s(e_i) \leq r(e_i) \notin H$ et H est héréditaire alors $s(e_i) \notin H$ et par suite,

$$\phi(e_i - s(e_i)e_i) = e_i - s(e_i)e_i = 0,$$

dans $L(F)$. De plus, on a besoin de factoriser ϕ suivant

$$\left\langle \left\{ e_i^* e_j - \delta_{ij} r(e_j) : e_j \in E^1, e_i^* \in (E^1)^* \right\} \cup \left\{ v_i - \sum_{\{e_j \in E^1 : s(e_j) = v_i\}} e_j e_j^* : v_i \in s(E^1) \right\} \right\rangle$$

de $A(\widehat{E})$.

Rappelons que $\widehat{E}$ est le graphe défini comme suit :

$$\widehat{E} = (E^0, E^1 \cup (E^1)^*, r', s')$$

où r' et s' sont telles que

$$r'|_{E^1} = r, s'|_{E^1} = s, r'(e_i^*) = s(e_i) \text{ et } s'(e_i^*) = r(e_i).$$

Le fait que $\phi(e_i^* e_j - \delta_{ij} r(e_j)) = 0$ dans $L(F)$ est immédiat.

Maintenant, considérons $v_i \in s(E^1)$, c'est-à-dire considérons un sommet v_i qui n'est pas un trou de E. On a alors trois cas :

i) 1er**cas :** si $v_i \in H$.

Alors, pour tout $e_j \in E^1$ avec $s(e_j) = v_i$ on a

$$e_i \notin F^1$$

(sinon $e_i \in F^1$ signifie $r(e_i) \notin H$ or H héréditaire donc $s(e_j) = v_i \notin H$).

Donc

$$\phi \left(v_i - \sum_{\{e_j \in E^1 : s(e_j) = v_i\}} e_j e_j^* \right) = 0 - \sum_{\{e_j \in E^1 : s(e_j) = v_i\}} 0.0 = 0$$

ii) 2ème**cas :** si $v_i \notin H$ et $v_i \notin s(F^1)$.

Puisque $v_i \in s(E^1)$ alors

$$s^{-1}(v_i) \neq \emptyset.$$

Or comme H est saturé alors il doit exister $e_i \in E^1$ tel que $s(e_i) = v_i$ mais $r(e_i) \notin H$.

Donc, $e_i \in F^1$ avec $s(e_i) = v_i$: contradiction avec $v_i \notin s(F^1)$.

iii) 3ème**cas :** $v_i \notin H$ et $v_i \in s(F^1)$

Donc,

$$v_i = \sum_{\{e_j \in F^1 : s(e_j) = v_i\}} e_j e_j^*$$

dans $L(F)$.

Considérons $e_j \in E^1$ tel que $s(e_j) = v_i$.

Si $e_j \in F^1$ alors

$$\phi(e_j e_j^*) = e_j e_j^*$$

sinon, $e_j \notin F^1$ alors $\phi(e_j e_j^*) = 0$.

Donc on obtient

$$\phi(v_i - \sum_{\{e_j \in E^1 : s(e_j) = v_i\}} e_j e_j^*) = v_i - \sum_{\{e_j \in F^1 : s(e_j) = v_i\}} e_j e_j^* = 0$$

Considérons $Ker\phi \lhd L(E)$.

Puisque $H \neq \emptyset$ il existe $v \in H$ tel que $0 \neq v \in Ker\phi$.
Puisque $H \neq E^0$ il existe $w \in E^0 \setminus H$ tel que $\phi(w) = w \neq 0$ et $\phi \neq 0$.
D'où,

$$0 \neq Ker\phi \neq L(E)$$

et par suite $L(E)$ n'est pas simple.

4.12 Proposition 18

Soit E un graphe vérifiant que tout cycle ait une sortie.
Alors, pour tout $\alpha \in L(E)$ non nul, il existe $a, b \in L(E)$ tels que $a\alpha b \in E^0$.

Preuve

Supposons que α est représentable par un élément ayant un degré d en arêtes réelles.

$(*)$ Si $d = 0$ alors α est à arêtes seulement virtuelles donc le corollaire 13 assure l'existence de $a, b \in L(E)$ tels que $a\alpha b \in E^0$.

$(**)$ Sinon, $d > 0$ on peut alors écrire

$$\alpha = \sum_{n=1}^{m} e_{i_n} \alpha_{e_{i_n}} + \beta$$

où $m \geq 1$, $e_{i_n} \alpha_{e_{i_n}} \neq 0$ pour tout $n \in \{1, \ldots, m\}$, chaque $\alpha_{e_{i_n}}$ est représentable comme un élément de degré inférieur à celui de α en arêtes réelles et β un polynôme à arêtes seulement virtuelles (pouvant être zéro).
Soit e_j une arête de E^1, on a deux cas :
1er**cas :** $j \in \{i_1, \ldots, i_m\}$ alors $e_j^* \alpha = \alpha_{e_j} + e_j^* \beta$.

$(*)$ Si $e_j^* \alpha \neq 0$ alors en prenant $\hat{a} = e_j^*$ et $\hat{b}$ une unité locale de α on obtient

$$\hat{a} \, \alpha \, \hat{b} = e_j^* \alpha \hat{b} = \alpha_{e_j} \hat{b} + e_j^* \beta \hat{b} \neq 0$$

car $\hat{a} \, \alpha \, \hat{b} = e_j^* \alpha \neq 0$ et c'est un élément représentable comme un élément ayant un degré inférieur à d en arêtes réelles.

$(**)$ Si $e_j^* \alpha = 0$ alors $\alpha_{e_j} = -e_j^* \beta$

donc

$$e_j \alpha_{e_j} = -e_j e_j^* \beta$$

$2^{\text{ème}}$**cas :** $j \notin \{i_1, \ldots, i_m\}$ alors $e_j^* \alpha = e_j^* \beta$.

$(*)$ Si $e_j^* \beta \neq 0$ alors en prenant $\hat{a} = e_j^*$ et $\hat{b}$ une unité locale pour α, on obtient

$$\hat{a} \, \alpha \, \hat{b} = e_j^* \beta \hat{b} \neq 0$$

car $\hat{a} \, \alpha \, \hat{b} = e_j^* \alpha = e_j^* \beta \neq 0$ et c'est représentable comme un élément de degré inférieur à d en arêtes réelles.

$(**)$ Si $e_j^* \beta = 0$ alors

$$0 = -e_j e_j^* \beta$$

Donc, on peut supposer qu'on est dans les deux dernières possibilités des deux cas. C'est-à-dire, on peut supposer que pour tout $e \in E^1$ on a

$$e^* \alpha = 0.$$

On va prouver que cette situation ne peut pas avoir lieu.

D'abord, soit v un trou de E.

$$v\alpha = v \sum_{n=1}^{m} e_{i_n} \alpha_{e_{i_n}} + v\beta.$$

or $v e_{i_n} = 0$ pour tout $n \in \{1, \ldots, m\}$ car v est un trou donc

$$v\alpha = v\beta$$

$(*)$ Si $v\beta \neq 0$ alors en prenant $\hat{a} = v$ et $\hat{b}$ l'unité locale pour α on obtient

$$\hat{a} \, \alpha \, \hat{b} = v\beta \hat{b} \neq 0$$

et c'est représentable comme un élément de degré inférieur à d en arêtes réelles.

$(**)$ Si $v\beta = 0$, posons

$$S_1 = \left\{ v_j \in E^0 : v_j = s(e_{i_n}) \text{ pour un } 1 \leq n \leq m \right\}$$

$$\text{et } S_2 = \{ v_{k_1}, \ldots, v_{k_t} \}$$

où

$$\left(\sum_{i=1}^{t} v_{k_i}\right)\beta = \beta.$$

On remarque que $w\beta = 0$ pour tout $w \in E^0 \setminus S_2$.
Donc, on n'a pas de trou ni dans S_1 ni dans S_2.
Soit $S = S_1 \cup S_2$. On a en particulier

$$\left(\sum_{v \in S} v\right)\beta = \beta.$$

Donc,

$$\alpha = \sum_{n=1}^{m} e_{i_n}\alpha_{e_{i_n}} + \beta \overset{(1^{er}\text{cas})}{=} \sum_{n=1}^{m}(-e_{i_n}e_{i_n}^{*}\beta) + \beta =$$

$$\sum_{n=1}^{m}(-e_{i_n}e_{i_n}^{*})\beta - (\underbrace{\sum_{j\in\{i_1,\dots,i_m\}\text{tel ques}(e_j)\in S} e_j e_j^{*})\beta}_{(=0 \text{ du } 2^{me} \text{ cas})} + \beta =$$

$$-(\sum_{v\in S} v)\beta + \beta = -\beta + \beta = 0.$$

Donc $\alpha = 0$ ce qui est en contradiction avec le choix de α.

Conclusion : On peut toujours trouver $\hat{a}$ et $\hat{b}$ tels que $\hat{a}\,\alpha\,\hat{b} \neq 0$ et c'est représentable comme un élément à degré inférieur à d en arêtes réelles.
En répétant ce processus au plus d fois, on trouve $\hat{a_k},\dots,\hat{a_1},\hat{b_1},\dots,\hat{b_k}$ tels qu'on puisse représenter

$$(\hat{a_k}\dots\hat{a_1})\alpha(\hat{b_1},\dots,\hat{b_k}) \neq 0$$

comme un élément de degré 0 en arêtes réelles.
Donc le corollaire 13 prouve l'existence de $a', b' \in L(E)$ tels que

$$a'(\hat{a_k}\dots\hat{a_1})\alpha(\hat{b_1}\dots\hat{b_k})b' \in E^0.$$

Ainsi, en prenant

$$a = a'\hat{a_k}\dots\hat{a_1} \text{ et } b = \hat{b_1}\dots\hat{b_k}b'$$

on obtient

$$a\,\alpha\,b \in E^0.$$

Définissons à présent les sous-ensembles suivants de E^0 :
$V_0 = \{v \in E^0 : CFS(v) = \emptyset\}$
$V_1 = \{v \in E^0 : |CFS(v)| = 1\}$ et
et $V_2 = E^0 \backslash (V_0 \cup V_1)$.

4.13 Lemme 19

Soit E un graphe.
Si $L(E)$ est simple alors $V_1 = \emptyset$.

Preuve

Pour tout sous-ensemble X de E^0, on définit les sous-ensembles suivants :

$$H(X) = r(s^{-1}(X))$$

$$S(X) = \left\{ v \in E^0 : \emptyset \neq \{r(e) : s(e) = v\} \subseteq X \right\}$$

$$G_0 = X$$

$$G_{n+1} = H(G_n) \cup S(G_n) \cup G_n \ \forall n \geq 0.$$

Alors, le plus petit sous-ensemble de E^0 héréditaire et saturé est l'ensemble

$$G(X) = \cup_{n \geq 0} G_n.$$

Soit $v \in V_1$ donc $CFS(v) = \{p\}$ où p est un cycle.
Le théorème 17 donne l'existence d'une arête e qui est une sortie pour p.
Soit A l'ensemble de tous les sommets du cycle p. Comme p est l'unique cycle basé sur v et e en est une sortie alors $r(e) \notin A$.
Considérons

$$X = \{r(e)\}.$$

Alors, $G(X)$ est non-vide par construction, héréditaire et saturé. Donc le théorème 17 implique

$$G(X) = E^0.$$

On peut trouver ainsi $n = min\{m : A \cap G_m \neq \emptyset\}$.
Soit $w \in A \cap G_n$.
On va montrer que $w \geq r(e)$.

D'abord, puisque $r(e) \notin A$ alors $n > 0$ et par suite

$$w \in H(G_{n-1}) \cup S(G_{n-1}) \cup G_{n-1}$$

- Comme n est minimal alors $w \notin G_{n-1}$.
- Si $w \in S(G_{n-1})$ alors $\emptyset \neq \{r(e) : s(e) = w\} \subseteq G_{n-1}$. Puisque w est dans le cycle p alors il existe $f \in E^1$ tel que $r(f) \in A$ et $s(f) = w$. Dans ce cas

$$r(f) \in A \cap G_{n-1}$$

ce qui contredit avec n.
- La seule possibilité est donc, que $w \in H(G_{n-1})$, c'est-à-dire qu'il existe des sorties $e_{i_1} \in E^1$ telles que $r(e_{i_1}) = w$ et $s(e_{i_1}) \in G_{n-1}$.
On répète maintenant ce processus avec le sommet $w' = s(e_{i_1})$ et ainsi de suite. Après n étapes on aura trouvé un chemin

$$q = e_{i_n} \ldots e_{i_1}$$

avec $r(q) = w$ et $s(q) = r(e)$.
En particulier, on a $w \geq r(e)$ et par suite il existe un cycle basé sur w contenant l'arête e. Puisque e n'est pas dans p on trouve que

$$|CFS(w)| \geq 2.$$

Comme w est un sommet contenu dans le cycle p alors

$$|CFS(v)| \geq 2$$

ce qui est contradictoire avec la définition de V_1.
Conclusion : $V_1 = \emptyset$.

5 Algèbre des chemins de Leavitt purement infinies simples

5.1 Définitions :

Soit A un anneau unitaire.

–) Un idempotent e de A est dit *infini* si eA est isomorphe, comme A-module à droite, à une somme propre directe de lui-même.

-) L'anneau A est dit *purement infini* si tout idéal à droite non nul de A contient un élément idempotent infini.

-) Un *monomorphisme* est un homomorphisme injectif.

-) Un *épimorphisme* est un homomorphisme surjectif.

-) Un A- module à droite T est dit *directement infini* si T contient une somme propre directe T' telle que $T' \cong T$.

En particulier, l'idempotent e est infini précisément quand eA est directement infini.

-) Considérons

$$M \xrightarrow{f} M' \xrightarrow{g} M''$$

où M, M' et M'' sont des A-modules à gauche, f et g sont des A-homomorphismes. On dit que cette suite est *exacte* si $Imf = Kerg$.

-) Une suite exacte de la forme

$$0 \longrightarrow K \xrightarrow{f} M \xrightarrow{g} N \longrightarrow 0$$

où f est un monomorphisme et g un épimorphisme, est appelée *suite courte exacte*.

-) Soit $\mathcal{U}$ un ensemble de modules.

Un module M est *finiment engendré par $\mathcal{U}$* (ou *$\mathcal{U}$ engendre M (finiment)*) s'il existe une famille $(\mathcal{U}_\alpha)_{\alpha \in \mathcal{I}}$ indexée (finie) de $\mathcal{U}$ et un épimorphisme

$$\oplus_I \mathcal{U}_\alpha \longrightarrow M \longrightarrow 0 .$$

- Soient U et M deux A-modules à droite.

U est *projectif relativement à M* ou *M-projectif* si pour tout épimorphisme $g : M \longrightarrow N$ et tout homomorphisme $\gamma : U \longrightarrow N$ il existe un A-homomorphisme $\bar{\gamma} : U \longrightarrow M$ tel que le diagramme

$$\begin{array}{c} U \\ \swarrow \quad \downarrow \\ M \longrightarrow N \longrightarrow 0 \end{array}$$

soit commutatif.

-) Un A-module à droite P est *projectif* si P est projectif relativement à tout A-module à droite.

-) Un anneau A est dit *un anneau de division* si tous ses éléments non nuls sont inversibles.

-) Deux idempotents e, f de A sont *équivalents* s'il existe $x \in eAf$ et $y \in fAe$ tels que $xy = e$ et $yx = f$.

5.2 Quelques résultats :

5.2.1 Lemme 20

Soit A une algèbre qui est union de sous-algèbres de dimensions finies, alors, A n'est pas purement infinie. En effet, A contient des idempotents non infinis.

Preuve

Supposons qu'il existe $e = e^2 \in A$ tel que e soit infini, donc eA contient une somme propre directe isomorphe à eA.
D'où, il existe des éléments $g, h, x, y \in A$ tels que

$$g^2 = g, h^2 = h$$

$$gh = hg = 0, e = g + h, h \neq 0$$

$$x \in eAg, y \in gAe$$

$$xy = e \text{ et } yx = g.$$

Par hypothèse ces cinq éléments sont contenus dans une sous-algèbre B de A, de dimension finie. Par suite, B contient un idempotent infini et ainsi contient un idéal à droite non-artinien, ce qui est impossible.

5.2.2 Lemme 21

Si E est un graphe acyclique fini alors $L(E)$ est de dimension finie.

Preuve

Il est établi dans [2] que, comme E est à file finie alors $L(E)$, considéré comme K-espace vectoriel, est engendré par $\{pq^* \mid p, q \text{ sont des chemins dans } E\}$

5.2.3 Lemme 22

Soit E un graphe. Alors E est acyclique si et seulement si $L(E)$ est une réunion d'une chaîne de sous-algèbres de dimensions finies.

Preuve

Commençons par le sens direct. Supposons donc que E soit acyclique. On a alors deux cas :

Si E est fini alors le Lemme 21 donne que $L(E)$ est de dimension finie. Supposons maintenant que, E soit infini et ordonnons les sommets de E^0 sous forme d'une suite $\{v_i\}_{i=1}^{\infty}$.

* Définissons une suite $\{F_i\}_{i=1}^{\infty}$ de sous-graphes de E comme suit

$$F_i = (F_i^0, F_i^1, r, s)$$

où

$$F_i^0 = \{v_1, \ldots, v_i\} \cup r(s^{-1}(\{v_1, \ldots, v_i\}))$$
$$F_i^1 = s^{-1}(\{v_1, \ldots, v_i\})$$

et r, s sont induites de E.

On a

$$\forall i,\ \{v_1, \ldots, v_i\} \subseteq \{v_1, \ldots, v_{i+1}\}$$

donc

$$\forall i,\ s^{-1}(\{v_1, \ldots, v_i\}) \subseteq s^{-1}(\{v_1, \ldots, v_{i+1}\})$$

et par conséquent,

$$\forall i,\ F_i^1 \subseteq F_{i+1}^1.$$

De plus,

$$r(s^{-1}(\{v_1, \ldots, v_i\})) \subseteq r(s^{-1}(\{v_1, \ldots, v_{i+1}\}))$$

donc

$$\forall i,\ F_i^0 \subseteq F_{i+1}^0.$$

Finalement,

$$\forall i,\ F_i \subseteq F_{i+1}.$$

On a

$$r(F_i^1) = r(s^{-1}(\{v_1, \ldots, v_i\})) \subseteq F_i^0$$

et

$$s(F_i^1) = s(s^{-1}(\{v_1, \ldots, v_i\})) = \{v_1, \ldots, v_i\} \subseteq F_i^0.$$

D'où, le graphe F_i est bien défini.

Montrons que les relations qui définissent une algèbre de chemins de Leavitt sont vérifiées pour les graphes F_i.

Prenons en premier lieu

$$e_j \in F_i^1 = s^{-1}(\{v_1, \ldots, v_i\})$$

donc il existe $j_0 \in \{1, \ldots, i\}$ tel que $e_j = s^{-1}(v_{j_0})$.

$$e_j r(e_j) = e_j r(s^{-1}(v_{j_0})) = \underbrace{s^{-1}(v_{j_0})}_{\in E^1} \underbrace{r(s^{-1}(v_{j_0}))}_{\in E^1} = s^{-1}(v_{j_0}) = e_j.$$

$$s(e_j)e_j = s(s^{-1}(v_{j_0}))s^{-1}(v_{j_0}) = s^{-1}(v_{j_0}) = e_j.$$

$$e_j^* s(e_j) = (s^{-1}(v_{j_0}))^* s(s^{-1}(v_{j_0})) = (s^{-1}(v_{j_0}))^* = e_j^*.$$

$$r(e_j)e_j^* = r(s^{-1}(v_{j_0}))(s^{-1}(v_{j_0}))^* = (s^{-1}(v_{j_0}))^* = e_j^*.$$

Maintenant si on prend deux éléments $e_k, e_j \in F_i^1$ alors il existe $k_0, j_0 \in \{1, \ldots, i\}$ tels que

$$e_k = s^{-1}(v_{k_0}) \text{ et } e_j = s^{-1}(v_{j_0})$$

d'où,

$$e_k^* e_j = (s^{-1}(v_{k_0}))^* (s^{-1}(v_{j_0})) = \delta_{k_0 j_0} r(s^{-1}(v_{j_0})) = \delta_{kj} r(e_j).$$

Si on prend un trou v de F_i qui n'est pas un trou de E donc on n'a pas la relation (4) à savoir la relation (CK2) en v dans $L(F_i)$. Ainsi, si v n'est pas un trou de F_i alors il existe $e \in F_i^1$ tel que $s(e) = v$.

Donc $s(e) \in \{v_1, \ldots, v_i\}$ et par suite $v = v_j$ pour un $j \in \{1, \ldots, i\}$ d'où la relation (4) ou (CK2) est la même dans $L(F_i)$ que dans $L(E)$.

Ainsi, on peut construire un homomorphisme de K-algèbres

$$\phi : L(F_i) \longrightarrow L(E).$$

De plus, on peut trouver un homomorphisme de K-algèbres,

$$\psi : L(E) \longrightarrow L(F_i))$$

tel que

$$\psi\phi = Id_{/L(F_i)}$$

et donc ϕ est un monomorphisme. Par conséquent, $L(F_i)$ est une sous-algèbre de $L(E)$.

Par construction, chaque sommet de E^0 est dans l'un des F_i.

De plus, chaque $e \in E^1$ est dans F_j^1 tel que $s(e) = v_j$.

On en conclut donc que

$$L(E) = \bigcup_{i=1}^{\infty} L(F_i).$$

Puisque E est acyclique alors chaque F_i l'est aussi.

De plus, chaque F_i est fini puisque, par hypothèse E est à files finies et à chaque pas on ajoute un nombre fini de sommets.

Donc le lemme 21 implique que $L(F_i)$ est de dimension finie.

Par suite, $L(E)$ est une union d'une suite de sous-algèbre de dimensions finies.

Étudions maintenant la réciproque c'est-à-dire supposons que $L(E)$ est la réunion d'une chaîne de sous-algèbres de dimensions finies.

Pour ça, soit $p \in E^*$ un cycle de E.

Alors $\{p^m\}_{m=1}^{\infty}$ est un ensemble infini linéairement indépendant.

Donc p n'est pas contenu dans aucune sous-algèbre de dimension finie de $L(E)$, ce qui est absurde.

Conclusion : E est acyclique.

5.2.4 Proposition 23

Soit E un graphe. Si $w \in E^0$ vérifie que pour tout $v \in E^0$, l'inégalité $w \leq v$ implique $v \in V_0$, alors l'algèbre $wL(E)w$ n'est pas purement infinie.

Preuve

Considérons le graphe $H = (H^0, H^1, r, s)$ défini par

$$H^0 = \{v : w \leq v\}$$

$$H^1 = s^{-1}(H^0)$$

et r et s induites par E.

-) On a

$$s\left(s^{-1}(H^0)\right) \subseteq H^0$$

c'est-à-dire

$$s(H^1) \subseteq H^0.$$

-) Vérifions que $r(H^1) = r(s^{-1}(H^0)) \subseteq H^0$.

Soient $z \in H^0$ et $e \in E^1$ tels que $s(e) = z$. Comme $z \in H^0$, on a alors

$$w \leq z = s^{-1}(e)$$

donc, on a aussi

$$w \leq r(e)$$

et par suite, $r(e) \in H^0$. Donc,

$$r(H^1) \subseteq H^0.$$

Ainsi, le graphe H est bien défini.

–) Soit $e \in H^1$, il existe $v \in H^0$ tel que $e = s^{-1}(v)$. On a

$$s(e)e = s(\underbrace{s^{-1}(v)}_{\in E^1})\underbrace{s^{-1}(v)}_{\in E^1} = s^{-1}(v) = e$$

$$er(e) = s^{-1}(v)r(s^{-1}(v)) = s^{-1}(v) = e$$

$$r(e)e^* = r(s^{-1}(v))(s^{-1}(v))^* = (s^{-1}(v))^* = e^*$$

$$e^*s(e) = (s^{-1}(v))^*s(s^{-1}(v)) = (s^{-1}(v))^* = e^*.$$

–) Soient $e \in H^1$ et $f \in H^1$ donc il existe $v, z \in H^0$ tels que $e = s^{-1}(v)$ et $f = s^{-1}(z)$.

$$e^*f = (s^{-1}(v))^*(s^{-1}(z)) = \delta_{v,z}s^{-1}(z) = \delta_{e,f}f.$$

–) Soit v un trou de H qui n'est pas un trou de E donc la relation (4) ou (CK2) ne peut pas être écrite en v dans $L(H)$.

Si v n'est pas un trou de H alors il existe $e \in H^1$ tel que $s(e) = v$. Or, $v \in H^0$ implique que $w \leq v$ donc $CFS(v) = \emptyset$ et par suite il n'existe pas de chemin $\mu = \mu_1 \ldots \mu_n$ tel que $s(\mu) = r(\mu) = v$ et $s(\mu_j) \neq v, \forall j \in \{2, \ldots, n\}$.

Ainsi la relation (CK2) est la même dans $L(H)$ et dans $L(E)$.

D'où, on peut construire un homomorphisme de K-algèbres

$$\phi : L(H) \longrightarrow L(E)$$

et un homomorphisme de K-algèbres

$$\psi : l(E) \longrightarrow L(H)$$

tels que

$$\psi\phi = Id_{L(H)}.$$

Par suite ϕ est un monomorphisme et donc $L(H)$ est une sous-algèbre de $L(E)$.

–) Il est clair que H est acyclique.

54

Donc le lemme 22 donne que $L(H)$ est réunion de sous-algèbres de dimensions finies.

Le lemme 20 implique que $L(H)$ ne contient pas des idempotents infinis.

Puisque $wL(H)w$ est une sous-algèbre de $L(H)$ alors elle ne contient pas aussi des idempotents infinis et par suite n'est pas purement infinie.

Soit
$$\alpha = \sum p_i q_i^* \in L(E),$$
on a alors
$$w\alpha w = \sum w p_i q_i^* w = \sum p_{i_j} q_{i_j}^*$$
avec $s(p_{i_j}) = w = s(q_{i_j})$.

Par suite p_{i_j} et q_{i_j} sont dans $L(H)$ donc $w\alpha w \in wL(H)w$.

D'où,
$$wL(E)w \subseteq wL(H)w.$$
Or $wL(H)w \subseteq wL(E)w$.

Ainsi
$$wL(E)w = wL(H)w.$$

Et par suite $wL(E)w$ n'est pas purement infini puisque $wL(H)w$ ne l'est pas.

5.2.5 Lemme 24

Un A-module à droite P est finiment engendré et projectif si, et seulement si, il existe un A-module à droite P' et un entier $n > 0$ tel qu'il existe un A-isomorphisme
$$P \oplus P' \cong A^n.$$

5.2.6 Proposition 25

Soient A un anneau simple, P et Q deux A-modules à droite, finiment engendré, projectifs.

Si P est directement infini alors il existe un A-module à droite non nul tel que
$$P \cong Q \oplus B.$$

Preuve

Par hypothèse, $P \cong P \oplus mC$ pour tout $m \in \mathbb{N}$ et C un A-module à droite non nul. Donc, en particulier

$$P \cong P \oplus C.$$

Comme A est simple et C projectif alors C est un générateur de $Mod - A$. En particulier, il existe $n \in \mathbb{N}$ et un A-module à droite D tel que

$$nC \cong Q \oplus D.$$

D'où
$$P \cong P \oplus nC \cong P \oplus (Q \oplus D) \cong Q \oplus (P \oplus D).$$

5.2.7 Proposition 26

Supposons que A est un anneau purement infini simple.
Alors, tout A-module à droite projectif non nul et finiment engendré est directement infini.
Par suite, si P et Q sont des A-modules à droite non nuls projectifs et finiment engendrés alors il existe un A-module à droite non nul B tel que

$$P \cong Q \oplus B.$$

Preuve
Par hypothèse, il existe au moins un idempotent infini $e \in A$ tel que eA est un A-module à droite directement infini, finiment généré et projectif.
Si Q est un A-module à droite non nul projectif et finiment engendré alors d'après la proposition 25, Q est isomorphe à une somme directe de eA.
Par suite, Q est isomorphe à un idéal à droite non nul $I \subseteq A$.
Comme A est purement infini alors il existe un idempotent infini $f \in I$ où fA est une somme propre directe de I. Donc I est directement infini.
Par suite Q est directement infini.
Maintenant, la proposition 25 nous donne le résultat.

5.2.8 Théorème 27

Soit A un anneau simple. Il est purement infini si, et seulement si,

(1) A n'est pas un anneau de division

et

(2) Pour tout élément non nul $a \in A$, il existe des éléments $x, y \in A$ tels que
$$xay = 1.$$

Preuve

Commençons par le sens direct et supposons que A est purement infini.
Donc A contient un idempotent infini et A n'est pas un anneau de division.
Considérons un élément non nul $a \in A$. Par hypothèse, il existe un idempotent infini $e \in aA$ et puisque A et aA sont des A-modules à droite non nuls, projectifs et finiment engendrés, alors la proposition 26 assure l'existence d'un A-module à droite non nul B tel que

$$eA \cong A \oplus B.$$

Par suite, il existe deux idempotents orthogonaux f et g tels que $e = f + g$ et $fA \cong A$, c'est à dire f est équivalent à 1 et par suite il existe des éléments $\alpha \in fA$ et $\beta \in Af$ tels que

$$\alpha\beta = f \text{ et } \beta\alpha = 1.$$

Or $e = f + g$ donne que $ef = f^2 + gf = f + 0 = f$ donc

$$f = e \underbrace{f}_{\in A} \in eA.$$

D'où $f \in eA \subseteq aA$ alors on a aussi $f = ar$ pour un $r \in A$. Donc

$$1 = \beta\alpha = \beta\alpha\beta\alpha = \beta f\alpha = \beta ar\alpha.$$

Ainsi, si on prend $x = \beta$ et $y = r\alpha$ on obtient la condition (2).
Pour le sens opposé, supposons qu'on ait (1) et (2) et considérons un idéal à droite non nul I de A.
Comme A n'est pas un anneau de division alors I contient un idéal propre à droite non nul J.
Soit $a \in J$ et appliquons (2) alors il existe $x, y \in A$ tels que

$$xay = 1.$$

Soit $e = ayx$ alors $e \in I$ et $e \neq 1$. Comme

$$e^2 = ayxayx = ay(xay)x = ayx = e$$

donc e est un idempotent dans aA.
De plus, les égalités

$$(eay)(xe) = e(ayx)e = eee = e$$

et

$$(xe)(eay) = xe^2ay = xeay = xayxay = 1.1 = 1$$

prouvent que e et 1 sont équivalents. Or 1 est infini donc e l'est aussi.
Finalement, A est purement infini.

5.2.9 Proposition 28

Soit A un anneau ayant des unités locales. Les assertions suivantes sont équivalentes :

(i) A est purement infini simple.
(ii) wAw est purement infini simple pour tout idempotent non nul $w \in A$.
(iii) A est simple et il existe un idempotent non nul $w \in A$ tel que wAw soit purement infini simple.
(iv) L'anneau A n'est pas de division et vérifie que pour toute paire d'éléments non nuls α, β de A, il existe des éléments non nuls a, b de A tels que

$$a\,\alpha\,b = \beta.$$

Preuve

(i)$\Longrightarrow$(ii)
Supposons que A soit purement infini simple. Alors

$$AwA = A$$

pour tout idempotent non nul $w \in A$ car A est simple et AwA est un idéal non nul de A.
Donc A et wAw sont Morita-équivalents.
Par suite, wAw est purement infini simple car A l'est aussi.

La preuve de l'implication (ii)$\Longrightarrow$(iii) est simple mais longue.

(iii)$\Longrightarrow$(i)
Comme A est simple alors $AwA = A$.
Donc wAw et A sont Morita-équivalents.
Par suite, A est purement infini car wAw l'est aussi.
Ainsi, on a montré que (i)$\Longleftrightarrow$(ii)$\Longleftrightarrow$(iii).

(i)$\Longrightarrow$(iv)
Supposons que A soit purement infini simple alors, A n'est pas artinien à gauche et par suite n'est pas un anneau de division.
Soient $\alpha, \beta \in A$ non nuls.
Il existe alors un idempotent non nul $w \in A$ tel que $\alpha, \beta \in wAw$.
Or wAw est purement infini simple.
Donc il existe $a', b' \in wAw$ tels que

$$a'wb' = w.$$

Ainsi, pour $a = a'$ et $b = b'\beta w$ on a

$$a\alpha b = a'\alpha b'\beta w = w\beta w = \beta.$$

D'autre part, supposons que A n'est pas un anneau de division et A ayant des unités locales, alors il existe un idempotent $w \in A$ tel que wAw n'est pas un anneau de division.
Soit $\alpha \in wAw$ donc il existe $a', b' \in A$ tels que

$$a'\alpha b' = w.$$

Posons $a = wa'w$ et $b = wb'w$ alors

$$a\alpha b = wa'w\alpha wb'w = wa'\alpha b'w = www = w.$$

On conclut avec le théorème 27.

(iv)$\Longrightarrow$(iii)
Comme pour tous $\alpha, \beta \in A$ il existe $a, b \in A$ tels que $a\alpha b = \beta$ alors tout idéal non nul de A contient un ensemble d'unités locales pour A. Donc, A est simple.
Comme A n'est pas un anneau de division et possède des unités locales alors il existe un idempotent non nul w de A tel que wAw n'est pas un anneau de division.
Soient $\alpha, \beta \in wAw$ alors en particulier $w\alpha w = \alpha$ et $w\beta w = \beta$.

De plus, par hypothèse, il existe $a, b \in A$ tels que $a\alpha b = \beta$. Donc,

$$(waw)\alpha(wbw) = wa(w\alpha w)bw = wa\alpha bw = w\beta w = \beta.$$

D'où wAw est purement infinie simple, d'après le théorème 27.

5.2.10 Théorème 29

Soit E un graphe. L'algèbre $L(E)$ est purement infinie simple si, et seulement si, E vérifie les conditions suivantes :
(i) Les seuls sous-ensembles héréditaires et saturés de E^0 sont $\emptyset$ et E^0.
(ii) Tout cycle de E a une sortie.
(iii) Toute composante est liée à un cycle.

Preuve

Commençons par le sens indirect. Pour cela supposons que les trois conditions (i), (ii) et (iii) soient vérifiées.
Les conditions (i) et (ii) avec le théorème 17 donnent que $L(E)$ est simple.
Pour montrer que $L(E)$ est purement infinie, il suffit de montrer que $L(E)$ n'est pas un anneau de division et que pour toute paire d'éléments
$\alpha, \beta \in L(E)$, il existe des éléments $a, b \in L(E)$ tels que

$$a \ \alpha \ b = \beta.$$

Or (i) et (ii) donnent que $|E^1| > 1$ et par suite $L(E)$ n'est pas un anneau de division.
La proposition 18 implique qu'on peut trouver $\bar{a}, \bar{b} \in L(E)$ tels que

$$\bar{a} \ \alpha \ \bar{b} = w \in E^0.$$

La condition (iii) implique que w est liée à une composante $v \notin V_0$. Par conséquent, ou bien $w = v$ ou bien il existe un chemin p tel que $r(p) = v$ et $s(p) = w$.
- Si $w = v$ prenons $a' = b' = v$ alors $a', b' \in L(E)$ et

$$a'wb' = vvv = v.$$

- Sinon prenons $a' = p^*$ et $b' = p$ alors $a', b' \in L(E)$ et

$$a'wb' = p^*s(p)p = r(p) = v.$$

En effet, $p = p_1 \ldots p_n$ donc

$$a'wb' = p^*s(p)p = p_n^* \ldots p_1^* s(p_1)p_1 \ldots p_n = p_n^* \ldots p_1^* p_1 \ldots p_n =$$

$$p_n^* \ldots p_2^* r(p_1)p_2 \ldots p_n = p_n^* \ldots p_2^* s(p_2)p_2 \ldots p_n = p_n^* \ldots p_2^* p_2 \ldots p_n = \cdots$$

$$= p_n^* p_n = r(p_n) = r(p) = v.$$

Le Lemme 19 implique que $v \in V_2$ donc il existe $p, q \in CFS(v)$ avec $p \neq q$. Pour tout $m > 0$, on note par c_m le chemin fermé $p^{m-1}q$.
Le Lemme 5 donne que pour tout $m, n > 0$

$$c_m^* c_n = \delta_{m,n} v.$$

Soit $v_l \in E^0$. Puisque $L(E)$ est simple alors, pour $1 \leq i \leq t$, il existe des éléments $a_i, b_i \in L(E)$ tels que

$$v_l = \sum_{i=1}^{t} a_i v b_i.$$

Posons

$$a_l = \sum_{i=1}^{t} a_i c_i^* \quad \text{et} \quad b_l = \sum_{j=1}^{t} c_j b_j$$

on obtient alors

$$a_l v b_l = \left(\sum_{i=1}^{t} a_i c_i^*\right) v \left(\sum_{j=1}^{t} c_j b_j\right) = \sum_{i=1}^{t} a_i c_i^* v c_i b = \sum_{i=1}^{t} a_i v^2 b_i = \sum_{i=1}^{t} a_i v b_i = v_l.$$

Soit s une unité locale pour β (i.e. $s\beta = \beta$), et écrivons

$$s = \sum_{v_l \in S} v_l$$

où, S est un ensemble fini de sommets.
Posons

$$\tilde{a} = \sum_{v_l \in S} a_l c_l^* \text{ et } \tilde{b} = \sum_{v_l \in S} c_l b_l,$$

on obtient alors

$$\tilde{a} v \tilde{b} = \left(\sum_{v_l \in S} a_l c_l^*\right) v \left(\sum_{v_k \in S} c_k b_k\right) = \sum_{v_l \in S} a_l c_l^* v c_l b_l = \sum_{v_l \in S} a_l (c_l^* c_l) v b_l =$$

$$\sum_{v_l \in S} a_l v^2 b_l = \sum_{v_l \in S} a_l v b_l = \sum_{v_l \in S} v_l = s.$$

Ainsi, en prenant $a = \tilde{a}a'\bar{a}$ et $b = \bar{b}b'\tilde{b}\beta$, on obtient

$$a \ \alpha \ b = \tilde{a}a'\bar{a}\alpha\bar{b}b'\tilde{b}\beta = \tilde{a}a'wb'\tilde{b}\beta = \tilde{a}v\tilde{b}\beta = s\beta = \beta.$$

D'où le résultat.

Maintenant, voyons la réciproque. Supposons que $L(E)$ soit purement infinie simple. Le Théorème 17 fournit les conditions (i) et (ii).

Supposons qu'on n'ait pas la condition (iii), donc il existe un sommet $w \in E^0$ tel que :

$$w \leq v \Rightarrow v \in V_0.$$

La proposition 23 affirme que $wL(E)w$ n'est pas purement infinie.

La proposition 28 donne alors que $L(E)$ n'est pas purement infinie, ce qui contredit l'hypothèse.

References

[1] G. ABRAMS, G. ARANDA PINO, The Leavitt path algebra of a graph, *J.Algebra* 293 (2005), 319-334

[2] G. ABRAMS, G. ARANDA PINO, Purely infinite simple Leavitt path algebras, *J.Pure Appl. Algebra*, 207 (2006), 553-563

[3] G. ABRAMS, G. ARANDA PINO, The Leavitt path algebras of arbitrary graphs, *Houston J. Math.*, 34 (2) (2008), 423-442.

[4] G. ABRAMS, G. ARANDA PINO, F. PERERA, M. SILES MOLINA, Chain conditions for Leavitt path algebras, *Forum Math.*, (to appear).

[5] G. ABRAMS, G. ARANDA PINO, M. SILES MOLINA, Finite-dimensional Leavitt path algebras, *J. Pure Appl. Algebra*, 209 (3)(2007), 753-762.

[6] G. ABRAMS, G. ARANDA PINO, M. SILES MOLINA, Locally Finite Leavitt path algebras, *Israel J. Math.*, 165 (2008), 329-348.

[7] G. ABRAMS, A. LOULY, E. PARDO, C. SMITH, Flow invariants in the classification of Leavitt path algebras, *Preprint* (2008).

[8] G. ABRAMS, P. N. ÁNH, A. LOULY, E. PARDO, The classification question for Leavitt algebras, *J. Algebra*, 320 (2008), 1983-2026.

[9] P.ARA, E. PARDO, Stable rank of Leavitt path algebras, *Proc. Amer. Math. Soc.*, 136 (2008), no. 7, 2375-2386.

[10] P. ARA, K. R. GOODEARL, E. PARDO, K_0 of purely infinite simple regular rings, *K-theory* 26 : 69-100, 2002.

[11] G. ARANDA PINO, D. MARTÍN BARQUERO, C. MARTÍN GONZÁLEZ, M. SILES MOLINA, The socle of a Leavitt path algebra, *J. Pure Appl. Algebra*, 212 (3) (2008), 500-509.

[12] G. ARANDA PINO, D. MARTÍN BARQUERO, C. MARTÍN GONZÁLEZ, M. SILES MOLINA, Socle theory for Leavitt path algebras of arbitrary graphs, *Rev. Mat. Iberoamericana*, (to appear).

[13] G. ARANDA PINO, F. PERERA, M. SILES MOLINA, EDS, Graph algebras: bridging the gap between analysis and algebra, *Universidad de MÁLAGA Press* (2007), ISBN: 978-84-9747-177-0

[14] T. BATES, D. PASK, I. RAEBURN, W. SZYMAŃSKI, The C^*-algebras of row-finite graphs, *New York J. Math.*, 6 (2000), 307-324 (electronic).

[15] P.M. COHN, Algebra, volume 2. John Wiley and sons.

[16] K.R. DAVIDSON, C^*-algebras by example, *Fields Institute Monographs, 6. American Mathematical Society*, Providence, RI, 1996. xiv+309 pp. ISBN: 0-8218-0599-1

[17] C. FAITH, Algebra I. Rings, modules, and categories. Springer Verlag 1981.

[18] W.G. LEAVITT, The module type of a ring, *Trans. Amer. Math. Soc.*, 42 (1962), 113-130.

[19] M. SILES MOLINA, Algebras of quotients of path algebras, *J. Algebra*, 319 (12) (2008), 329-348.

[20] M. TOMFORDE, Uniqueness theorems and ideal structure for Leavitt path algebras, *J. Algebra*, 318 (2007), 270-299.

[21] S. ZHANG, A property of purely infinite C^*-algebras, *Proc. Amer. Math. Soc.*, 109 (1990), 717-720.

www.ingramcontent.com/pod-product-compliance
Lightning Source LLC
Chambersburg PA
CBHW020316220326
41598CB00017BA/1575